# ソフトウェアアーキテクチャメトリクス

## アーキテクチャ品質を改善する10のアドバイス

Christian Ciceri、Dave Farley、Neal Ford、
Andrew Harmel-Law、Michael Keeling、
Carola Lilienthal、João Rosa、
Alexander von Zitzewitz、Rene Weiss、
Eoin Woods　著
島田 浩二　訳

# Software Architecture Metrics

## *Case Studies to Improve the Quality of Your Architecture*

*Christian Ciceri, Dave Farley, Neal Ford, Andrew Harmel-Law, Michael Keeling, Carola Lilienthal, João Rosa, Alexander von Zitzewitz, Rene Weiss, and Eoin Woods*

Beijing • Boston • Farnham • Sebastopol • Tokyo

# はじめに

ソフトウェアアーキテクチャメトリクスとは、ソフトウェアプロジェクトの保守性やアーキテクチャ品質を計測し、プロセスの早い段階でアーキテクチャ負債や技術的負債の意図しない蓄積を警告するのに用いるメトリクスです。本書では、現場で実践を続ける10人の牽引者（Christian Ciceri、David Farley、Neal Ford、Andrew Harmel-Law、Michael Keeling、Carola Lilienthal、João Rosa、Alexander von Zitzewitz、Rene Weiss、Eoin Woods）が、すべてのソフトウェアアーキテクトが知るべき重要なソフトウェアアーキテクチャメトリクスを紹介します。本書の執筆陣は、皆が皆、著名なソフトウェアアーキテクチャの記事や書籍を出版し、国際的なイベントに定期的に参加し、実践的なワークショップを開催しているアーキテクト達です。

筆者らは皆、理論と実践のバランスを追求していますが、本書は理論よりも実践と実装を重視した書籍となっています。本書は、すでに試されて効果のあった内容を、貴重な経験やケーススタディと共に提供するものです。本書は、アーキテクチャの品質を向上させることだけに焦点を当てた書籍ではありません。個々の状況やトレードオフを考慮したやり方で、メトリクスをビジネス上の成果に結びつけることにも焦点を当てます。

ソフトウェアアーキテクチャメトリクスに関しては、多くの人が知りたがっている一方で、参考にできる情報源がまだまだ少ない状況です。本書がそうした状況に変化を与えること、そして、読者が適切なKPIを設定し、的確かつ洞察力に満ちた方法で結果を計測する役に立つことを願っています。

筆者らは、私たちを再び結集させ、一緒にソフトウェアアーキテクチャメトリクスの本を書くアイデアを提供してくれたGlobal Software Architecture Summitに感謝します。本書の各章やケーススタディには、筆者ごとの背景に応じたさまざまなものが集まっています。読者全員が解決策やインスピレーションを見つけられるよう、本書の執筆ではさまざまな業界や課題からの例を用いることを心がけました。

## 本書から学べること

本書を最後まで読むと、次のことが理解できるはずです。

- ソフトウェアアーキテクチャが目的をどの程度満たしているかを計測する方法
- アーキテクチャをテスト容易性とデプロイ可能性に向けて導く方法
- ソフトウェアアーキテクチャに関する作業を優先順位付けする方法
- 可観測性から予測可能性を作り出す方法
- ソフトウェアプロジェクトにおける重要なKPIを特定する方法
- メトリクスダッシュボードを構築し、自動化する方法
- プロジェクトやプロセスの成功を分析し、計測する方法
- 目的主導でソフトウェアアーキテクチャを構築する方法

## 対象読者

本書は、ソフトウェアアーキテクトによるソフトウェアアーキテクトのための書籍です。ソフトウェア企業に所属しているかに関わらず、成功事例を探求し、意思決定や効果測定について学びたいのであれば、本書はあなたのための本です。

経験豊富な10人の筆者が、多様な視点とアイデアを提示しながら、アドバイスと知見を共有しています。取り組むプロジェクトによって、自分の仕事に関連があると感じられる章は異なるかもしれません。本書を常に傍らに置く人もいれば、KPIを設定するタイミングや、その後で新しいチームメンバーに本書の内容を教えたり、インスピレーションを与えたりするタイミングで使う人もいるでしょう。

適切なソフトウェアアーキテクチャメトリクスとツールをもってすれば、アーキテクチャのチェックをより迅速かつ低コストに行えます。そして、ソフトウェアプロジェクトのライフサイクルを通して、継続的にアーキテクチャをチェックできます。

メトリクスは、各スプリントでソフトウェアアーキテクチャを評価し、保守が不可能になる方向に進んでいないかを確認するのに役立ちます。また、アーキテクチャを比較して、プロジェクトの要件に最適なものを選ぶためにも役立ちます。

## 本書の表記

本書では、次の表記を使用します。

**太字（Bold）**
　強調、重要な表現、新しい用語などを示す。

`等幅（Constant width）`
　変数や関数の名前、データベース、データ型、環境変数、文、キーワードなどのプログラム要素とプログラムリストに使用する。

## オライリー学習プラットフォーム

オライリーはフォーチュン 100 のうち 60 社以上から信頼されています。オライリー学習プラットフォームには、6 万冊以上の書籍と 3 万時間以上の動画が用意されています。さらに、業界エキスパートによるライブイベント、インタラクティブなシナリオとサンドボックスを使った実践的な学習、公式認定試験対策資料など、多様なコンテンツを提供しています。

https://www.oreilly.co.jp/online-learning/

また以下のページでは、オライリー学習プラットフォームに関するよくある質問とその回答を紹介しています。

https://www.oreilly.co.jp/online-learning/learning-platform-faq.html

## お問い合わせ

本書に関する意見、質問等は、オライリー・ジャパンまでお寄せください。

株式会社オライリー・ジャパン
電子メール japan@oreilly.co.jp

本書の Web ページには、正誤表やコード例などの追加情報が掲載されています。

https://oreil.ly/software-architecture-metrics（原書）
https://www.oreilly.co.jp/books/9784814400607（和書）

この本に関する技術的な質問や意見は、次の宛先に電子メール（英文）を送ってください。

bookquestions@oreilly.com

オライリーに関するその他の情報については、次のオライリーの Web サイトを参照してください。

https://www.oreilly.co.jp
https://www.oreilly.com（英語）

## 謝辞

本書は、執筆陣、オライリー編集部、そして筆者らを集めてくれた Apiumhub の貢献なくしては成り立ちません。ここで改めて謝辞を述べさせてください。

- Apiumhub CMO の Ekaterina Novoseltseva に感謝します。本書の執筆とオライリーとの出版の進行を管理し、導入も執筆してくれました。
- オライリーの Senior Acquisitions Editor である Melissa Duffield に感謝します。私たちを気にかけ、オライリーとの経験をスムーズで快適なものにしてくれました。

- オライリーの Developmental Editor である Sarah Grey に感謝します。本書の構成を担当して、読みやすいものにしてくれました。
- オライリーの制作チームの皆さんに感謝します。Katherine Tozer、Adam Lawrence、Steve Fenton、Gregory Hyman、Kristen Brown。書籍のコピーライティングと配本を担当してくれました。

## Christian Ciceri

本書を書く機会を与えてくれた Ekaterina Novoseltseva と Apiumhub（https://apiumhub.com）に感謝します。私を成長させ、興味深い議論を生み出してくれるソフトウェアアーキテクトの皆さんと出会わせてくれた Global Software Architecture Summit（https://gsas.io）に感謝します。VYou app（https://www.vyou-app.com/en）に感謝します。私に革新と新しいソフトウェアアーキテクチャメトリクスを導入する機会を与えてくれました。そして、いつもそばにいて、どんな状況でも私を支えてくれる愛猫に、さらなる感謝を捧げます。

## Dave Farley

世話の焼ける私たちをうまくまとめ、本書を刊行に導いてくれた Apiumhub とオライリーの皆さんに感謝します。

## Neal Ford

Ekaterina と Apiumhub の方々に感謝します。本書を実現するのに大変お世話になりました。勤め先である Thoughtworks と同僚の皆に感謝します。技術の世界に対する情熱と関与の量に、私はいつも驚かされています。最後に、妻 Candy に感謝します。あなたや子猫たちから私を引き離す、私の執筆活動に耐えてくれてありがとう。

## Andrew Harmel-Law

執筆を許してくれた妻と子に感謝します。また、私を鼓舞し、私のアプローチを論理的な結論まで導いてくれた Thoughtworks の同僚に感謝します。

もし、組織が私を理解・信頼してくれず、実践する機会を与えてくれなかったら、私の章の半分は理論となっていたことでしょう。英国とアイルランドの保険業界に特化した事業者である Open GI（https://opengi.co.uk）と、そこで私と共に働いた皆に感謝します。特に、共にアイデアを出し合い、開発を共にした Pete Hunter に感謝します。Pete は、私たちがやっていることをすぐに理解し、それを徹底的に支持し、共に作業する中でびしびしと改良し、どうすればうまくいくのかについて多くのことを教えてくれました。

最後に、私を誘い、追いかけ、くだらない質問に答えつづけてくれた Ekaterina と Apiumhub に感謝します。

## Michael Keeling

草稿のレビューを手伝ってくれた Anastas Stoyanovsky、Colin Dean、George Fairbanks、Joe Runde、Ricky Kotermanski に心から感謝します。さらに、一緒に仕事をする機会に恵まれた、現職と前職のすべての同僚に感謝します。本書のような体験記は、リスクを冒して新しいアイデアに挑戦するチームによってのみ書かれるものです。今よりもっと素晴らしい人になる努力をどうか怠らないでください。

我が王妃 Marie、こうした執筆プロジェクトに取り組む時間を確保できるよう助けてくれてありがとう。Owen、ありがとう。Finn へ、ありがとう！

## Carola Lilienthal

私の職業人生で共に働く機会に恵まれた、多くの偉大な科学者や計算機科学者に感謝します。多くは私が勤める WPS（Workplace Solutions）の同僚だったり、カンファレンスで出会い、講義やディスカッションを通して学ばせていただいた方々です。また、書籍や論文の執筆時、いつも私を励まし、支えてくれる家族にも感謝しています。

## João Rosa

私が関わっているプロジェクトは、いずれも妻 Kary のサポートなしには成り立ちません。あなたと私たちの美しい小さな子どもは、私の人生の中心です。ありがとう。この旅を支えてくれた Xebia に特別な感謝を捧げます。知識を共有する行為は、私たちの DNA に組み込まれています。また、技術面で査読を行ってくれた Ruth Malan、Anna Shipman、Steve Pereira、Nick Tune、私に章立てという難題をくれたApiumhub、章立ての初期バージョンの原稿をレビューしてくれたFaFung、Thijs Wesselink、Kenny Baas-Shweglerに感謝します。最後に、ここまでに登場していない皆さんへ。記憶力が悪いせいで、皆さんのお名前をすべて思い出すことはできませんが、皆さんは確かに私のキャリアに何らかの影響を与えてくれました。

## Alexander von Zitzewitz

いつも私の背中を押してくれ、知恵や良いアドバイス、そして多くの忍耐力で私のプロジェクトをサポートしてくれる妻Charmaine、息子たち、そしてhello2morrowの素晴らしいチームに感謝します。みんなの継続的なサポートがなければ、本書への取り組みやその他の人生における功績はあり得なかったはずです。

## Rene Weiss

書籍への初めての寄稿となった本書は、私にとって非常に特別な出来事です。私はキャリアを通じて多くの人々に触発される機会がありました。ここでは、ソフトウェアアーキテクチャについての私の考え方に大きな影響を与えた2人を紹介したいと思います。それは、ドイツの企業embarcの、Stefan TothとStefan Zörnerの2人です。2人は優れたソフトウェアアーキテクト、トレーナー、そしてコーチです。一緒に働いている間、私は進化的アーキテクチャという考えに触れました。そして、この「種」が最終的に本書で私が寄稿している内容のアイデアにつながりました。もし、あなたが2人にカンファレンスで会うか、もしくは2人の書籍（現在はドイツ語での出版のみ）を手に入れる機会があるなら、私はそれを強くお勧めします。

最後に、私のガールフレンドでありパートナーであるAnnaに感謝します。彼女は常に私の職業上の変化やアイデアを支援してくれました。彼女なしでは、今日の私は存在しません。ありがとう。

## Eoin Woods

私の時間を消費するすべての専門的なプロジェクトへの、家族の絶え間ない支援に感謝します。また、私の章の草稿に対して徹底的かつ示唆に富んだレビューを行ってくれたChris Cooper-BlandとNick Rozanskiにも感謝します。おかげで、内容を大幅に改善できました。技術レビューアやオライリーの優れたチームにも感謝します。本書の品質に大きく貢献してくれました。最後に、Endavaで働く同僚たちに感謝します。彼ら彼女らは協力的な職場環境を作り出しながらも、私に常に「最善の自分であること」への挑戦を続けさせてくれます。

# 目次

# 1章
# 解き放たれた4つのキーメトリクス

Andrew Harmel-Law

Nicole Forsgren、Jez Humble、Gene Kim 著『Lean と DevOps の科学』（インプレス）[1] が、ソフトウェアデリバリーのパフォーマンスを改善する方法についての重要な書籍であること、その方法がすべてシンプルで強力な 4 つのキーメトリクスの計測に集約されることについて、異論がある人はいないでしょう。

筆者自身も、書籍が薦める内容の多くに基づいて変革作業に取り組んできて、内容に問題がないことは確信しています。だからといって、書籍の内容を深堀る必要がなくなったわけではありません。アーキテクチャを実践し改善したいと考えるコミュニティの形成や、経験の共有を可能とするために、書籍の内容についてさらなる議論や分析が行われるべきだと考えています。本章がそのような議論に貢献できることを願っています。

本章で後ほど示す方法を使用すれば、4 つのキーメトリクス（デプロイの頻度、変更のリードタイム、変更時の障害率、サービス復旧時間）によって学習が促進され、品質、疎結合性、デプロイ可能性、テスト容易性、可観測性、保守性を持ったアーキテクチャが必要であることをチームが理解できるようになるでしょう。私は実際にそれを目にしてきました。効果的に運用されている 4 つのキーメトリクスがあれば、あなたはアーキテクトとして舵取りを潮の流れに任せられます。指示や統制をする代わりに、4 つのキーメトリクスを使用すれば、チームメンバーとの会話が生まれ、ソフトウェアアーキテクチャ全体を改善しようというメンバーの意欲をより刺激できます。そうすれば、よりテストしやすく、一貫性とまとまりを持ち、モジュール化され、クラウドネイティブな、耐障害性と可観測性を備えたアーキテクチャへと徐々に移行していけるはずです。

次の節では、4つのキーメトリクスをあなたの現場で機能させる方法と、(より重要なことですが) それらのメトリクスをうまく用いて、あなたとあなたのチームが、継続的な改善努力に焦点を当て、進捗を追跡する方法を示します。私の関心は、4つのキーメトリクスの根底にあるモデルを視覚化し、必要な3つの生データが得られる場所を示し、4つのメトリクスを算出し表示するという実践的な側面にあります。とはいえ、本番で動作するアーキテクチャの利点についても説明しますので、そこはご安心ください。

## 1.1 定義と計測

> パラダイムは、システムを生み出す源泉です。パラダイム、つまり、現実はどのような性質を有しているかに関して共有されている社会的合意から、システムの目標や情報の流れ、フィードバック、ストック、フローなど、システムに関するありとあらゆるものが生まれてます。
>
> ―― ドネラ・H・メドウズ『世界はシステムで動く』(英治出版) [2]

『Lean と DevOps の科学』の根底にある、ソフトウェアデリバリーに対するメンタルモデルから、4つのキーメトリクスは生まれました。このメンタルモデルは本章を読むにあたっての土台となります。まずはこのメンタルモデルについて説明します。このモデルを最も単純な形で表すと、それは一連の活動からなるパイプライン (もしくは「フロー」) となります。パイプラインは、開発者がコードの変更をバージョン管理にプッシュするたびに始まり、実行中のシステムにこれらの変更が取り込まれて、それがユーザーに提供されると終了します。**図1-1** に、これを示します。

4つのキーメトリクスが、このメンタルモデルの何を計測するかを次に示します。

**デプロイの頻度**

時間の経過とともにパイプラインを経由してくる個々の変更の数。変更は、コードや設定、またはそれらを組み合わせた「デプロイメントユニット」で構成されます。デプロイメントユニットには、例えば、新機能やバグ修正などが

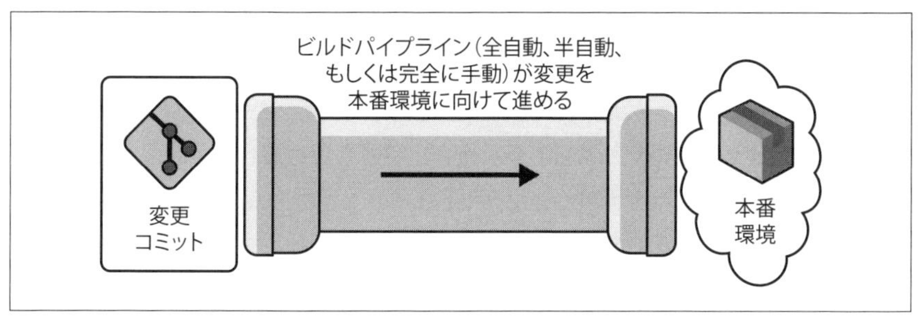


図1-1 4つのキーメトリクスの根底にある基本的なメンタルモデル

含まれます。

**変更のリードタイム**

開発者が完成させたコードや設定の変更が、パイプラインを通って端に到達するまでにかかる時間。

これら2つが計測するのは、**開発のスループット**です。ここで計測するものを、リーンの文脈における**サイクルタイム**や**リードタイム**とは混同しないでください。リーンの文脈でのサイクルタイムやリードタイムにはコードを書く時間が含まれ、時にはプロダクトマネージャーが新機能のアイデアを最初に思いついたタイミングから測り始める場合もあるからです。

**変更時の障害率**

パイプの終端から出てきた変更のうち、動作中のサービスで障害を引き起こすものの割合(「障害」の定義については後述します。今のところは、障害とは、ユーザーの作業を中断させるものと考えてください)。

**サービス復旧時間**

サービスに障害が発生してから、その障害に気づき、サービスが復旧されるまでにかかる時間[†1]。

†1 必ずしもコードの修正である必要はありません。ここではサービスの復旧について考えているので、自動フェイルオーバーなどによって障害から復旧するのであれば、それで全く問題ありません。

これら2つが示すのは、**サービスの安定性**です。

これら4つのキーメトリクスは、組み合わされたときにその威力を発揮します。もし、開発のスループットに効く要素を向上させたとしても、その過程でサービスの安定性を低下させているのであれば、その改善はバランスの取れていないものであり、長期的に持続可能な利益を実現できないでしょう。4つのキーメトリクスすべてに目を配るのが基本です。長期的な価値を予測可能にする変革は、**広範囲にわたって**ポジティブな影響をもたらすものです。

4つのキーメトリクスがどこから来ているかが明確になったところで、このメンタルモデルを実際のデリバリープロセスへと対応付けていきましょう。次の節では、この「メンタルモデルのリファクタリング」をどう行うかについて説明します。

## 1.2　メンタルモデルのリファクタリング

重要なのは、メトリクスを自分たちの**状況**に合わせて定義することです。大体想像が付いているでしょうが、最初の2つのメトリクスはCIパイプライン上で起きることに基づいており、後の2つのメトリクスはサービスの停止と復旧を追跡することを求めます。

メンタルモデルをリファクタリングする際には、範囲を慎重に検討してください。部署をまたいだソフトウェア全体に対するすべての変更が範囲になるでしょうか、それとも自分たちの作業領域だけが対象でしょうか。インフラストラクチャの変更も範囲に含まれるでしょうか、それともソフトウェアやサービスの変更だけが対象でしょうか。答えはどれであっても構いません。ただ、**4つのキーメトリクスはすべて同じ範囲に基づいている必要がある**点は覚えておいてください。リードタイムとデプロイの頻度にインフラストラクチャの変更を含めるのなら、障害にはインフラストラクチャの変更によるものも含めるようにしましょう。

### 1.2.1　最初に考慮するパイプライン

どのパイプラインを最初に考慮すると良いでしょうか。まず必要なのは、対象範囲のソースリポジトリでのコードや設定の変更を検知し、それに応じてさまざまなアクション（コンパイル、自動テスト、パッケージ化など）を実行し、結果を本番環境にデプロイするパイプラインです。データベースのバックアップのような、CIで実装されるタスクは対象に含めません。

エンドツーエンドのパイプラインを1つしか持たないコードリポジトリが1つだけならば、話は簡単です（例えば、モノリスを単一リポジトリに格納し、一連のアクティビティによって本番環境に直接デプロイしている場合などです）。その場合のモデルは、**図1-2** のようになります。

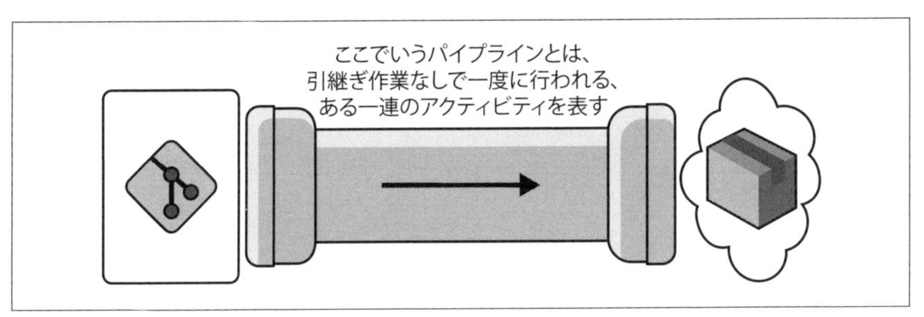


図1-2　最もシンプルなソース管理／パイプライン／デプロイメントのモデル

このモデルは私たちの基本的なメンタルモデルと完全に一致していますが、残念ながら、現実にはめったに見られません。あなたの状況と一致させるには、もっと広範囲のモデルが必要になるでしょう。

次に計測が容易で、私たちにとって最初の重要なモデルは、作成物やリポジトリごと（例えばマイクロサービスごと）に1つエンドツーエンドのパイプラインがあるモデルです。このモデルでは、パイプラインはそれぞれ独自に動作し、本番環境に達して終了します（**図1-3**）。Azure DevOps を使用している場合には、このモデルは容易に作成できます†2。

ここまでの2つのパイプライン形状は、おそらくあなたが持つパイプラインとおおよそ**似ている**はずです。ですが、実際の状況はこれらより少し複雑で、さらにもう一手、パイプラインを一連のサブパイプラインに分割するリファクタリングが必要になるのではないでしょうか（**図1-4**）。ある変更をエンドツーエンドで本番環境まで届けるのに、そうしたサブパイプラインが3つある例を考えてみましょう。

1番目のサブパイプラインが、リポジトリへのプッシュを待ち受け、コンパイル、

†2　実際、Microsoft があなたに採用してほしいのがこのモデルです。

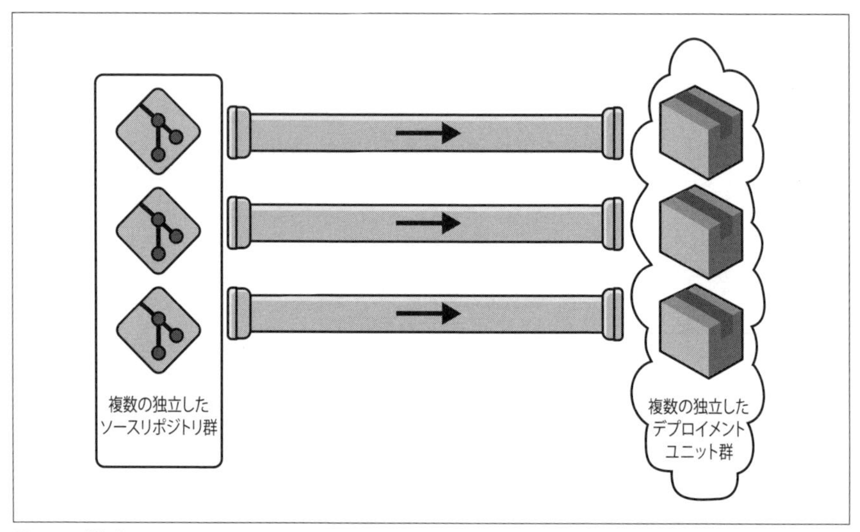


図1-3 「複数のエンドツーエンドパイプラインモデル」はマイクロサービスに最適

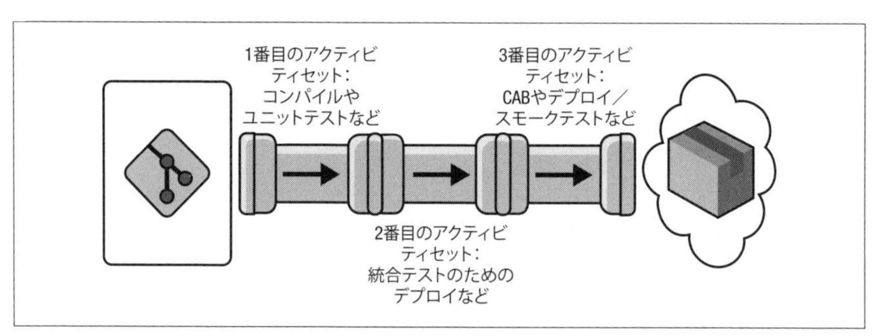


図1-4 よく遭遇する「複数のサブパイプラインでできたパイプライン」モデル

パッケージング、ユニットテスト、コンポーネントテストを行い、作成したバイナリを公開用のリポジトリに置きます。次に、2番目のサブパイプラインが、新しく公開されたバイナリを1つ以上の環境にデプロイします。そして、CABプロセス[†3]などによってトリガーされる3番目のサブパイプラインが、最終的に変更を本番環境へと

†3 CABとは「change-advisory board」の略です。最も有名な例は、Gene Kim、Kevin Behr、George Spaffordによる名著『The DevOps 逆転だ!』(日経BP)[3]に出てくる、コードのリリースや設定の変更を定期的に承認するグループです。

デプロイします。

ここまでであなたの状況がカバーできていると良いのですが、そうでない場合には、最後のバリエーション、マルチステージ「ファンイン（パイプライン）」モデルがあります。このモデルを**図1-5**に示します。マルチステージ「ファンインパイプライン」モデルには、通常、最初のステージとしてリポジトリごとのサブパイプラインが存在します。そして、共有のサブパイプラインまたはサブパイプラインのセットへと「ファンイン（fan in）」し、変更を本番環境へと運びます。

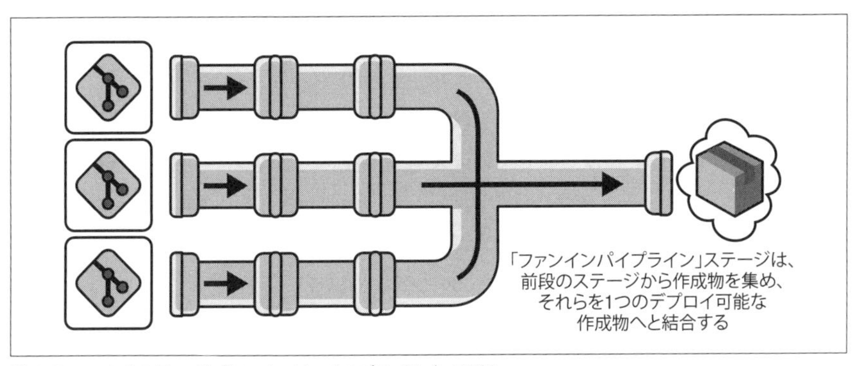


図1-5 マルチステージ「ファンインパイプライン」モデル

### 1.2.2 計装点を特定する

メトリクスが4つあるなら、計装点[†4]も4つあります。ここからは、私たちのメンタルモデル（どの形状であっても構いません）における、それらの箇所を特定していきます。これまでパイプラインに焦点を当ててきたのは、コミットタイムスタンプとデプロイタイムスタンプという2つの計装点を、パイプラインが提供してくれるからです。3つ目と4つ目の計装点は、サービスの劣化が検出されたときに作られるタイムスタンプと、それが「解決済み」とマークされたときに作られるタイムスタンプです。では、詳しく説明していきましょう。

†4 訳注：計装（instrumentation）とは一般に計測器を装備することを言い、ソフトウェアメトリクス、特に可観測性の分野では、メトリクス値を取得して外部に送信する仕組みを実装する意味で使われます。本章では、メトリクス値を実際に計測する箇所を指す言葉として、計測点（instrumentation point）が使われています。

#### 1.2.2.1 コミットタイムスタンプ

仕事の仕方はチームごとに異なるため、コミットタイムスタンプがいつになるかについては、どうしても微妙な違いが現れます。チームはフィーチャーごとにブランチを作っているでしょうか。プルリクエストは使っているでしょうか。さまざまな作業手順が混在しているでしょうか。『Lean と DevOps の科学』で提言されているように、計測を開始する理想のタイミングは、開発者が変更セットを完了したとみなしてコミットした時点です。もし、チームがブランチ上で変更を保持し続けている場合には、注意してください。それは、フィードバックサイクルを長くするだけでなく、作業へのオーバーヘッドや計測基盤に対する追加要件を生じさせます（これについては、次節で説明します）。

コミットタイムスタンプを正確に追跡することを諦め、メインブランチへマージするタイミングを代替トリガーもしくはコミットタイムスタンプとして用いることを選択する人もいます。こうした次善の選択[†5]を、敗北と感じる人もいるかもしれません。分かります。ですが、それを選んだ人たちも皆、罪悪感を抱きながらやっているのです（なぜなら、ベストプラクティスに従っていないと分かっているからです）。余計な時間が含まれていたとしても、変更のリードタイムの計測は、あなたに多くの利点をもたらします。たとえ、自分を甘やかして、メインブランチにマージされたタイミングから早期にサンプリングを開始したとしてもです。『Lean と DevOps の科学』では、そうした次善の選択がデリバリーの最適化を阻害していると分かった場合には、トランクベース開発やペアプログラミング[†6]といった、変更がメインブランチに取り込まれた時刻を計測の開始時刻としてコミットタイムスタンプに反映可能なプラクティスを実践することを推奨しています。ただ、そうした課題が明らかになっているころには、メトリクスの利点を理解し始め、コミットタイムスタンプを取得する方法を改善したくなっていることでしょう。

---

†5 特に、寿命の長いブランチや終わりのないプルリクエストがある場合です。とはいえ、そのようなことには気づいているはずですし、独立して計測することも難しくないでしょう。

†6 トランクベース開発については、https://trunkbaseddevelopment.com を参照してください。ペアプログラミングの本来の定義については、エクストリームプログラミング（https://oreil.ly/pGAfY）を参照してください。

#### 1.2.2.2 デプロイタイムスタンプ

コミットタイムスタンプはさておき、計測の「終了」はもっと単純です。計測を終了するのは、本番環境への最終的なデプロイを行うパイプラインが完了したタイミングです。これだと、**デプロイの完了後**に手動でスモークテスト[†7]を行う人々の気が抜けてしまわないかと疑問に思うでしょうか。そうかもしれません。どう判断するかは、あなた方次第です。もしその最後のアクティビティを本当に入れたいのであれば、パイプラインの最後に手動チェックポイントを設置し、QA（またはデプロイをチェックする人）によるデプロイ成功の確認後に、タイムスタンプを取るようにすると良いでしょう。

#### 1.2.2.3 マルチステージパイプラインやファンインパイプラインで発生する複雑な問題

この2つのデータソースがあれば、パイプラインに必要な情報、つまり**総実行時間**（計測を開始してから終了するまでの経過時間）を算出できます。先に説明したような、シンプルなパイプラインのシナリオ（ファンインしないもの）であれば、この算出は比較的簡単です。エンドツーエンドのパイプラインしかないのなら、それは最も楽な環境と言えます[†8]。

運悪く（**図1-4**で見たような）複数のサブパイプラインがある場合には、変更ごとの総実行時間を算出するのに、「開始」タイムスタンプに含まれる変更セットと本番環境に「デプロイ」される変更セットを追加で収集する必要があります。

ファンインモデル（**図1-5**）を取り入れている場合には、この処理はより複雑になる可能性があります。なぜでしょうか。**図1-6**の例であれば、デプロイ番号264がどこから発生したのか（リポジトリA、リポジトリB、リポジトリC）を知る必要が生じるからです。それらを把握できれば、変更の「開始」タイムスタンプを取得できます。デプロイに多数の変更が集約されている場合は、「開始」タイムスタンプを取得するためにそれぞれを個別に追跡する必要があります。

---

†7　訳注：開発・修正したソフトウェアに対し、基本的な機能が動作するかをざっと確認するテストのこと。

†8　もしこれで、作成物ごとに独立したパイプラインを持つのが良いアイデアだと思われたのなら、あなたは冴えています。そのアイデアは、マイクロサービスの重要な考え方の1つ、独立デプロイ可能性です。もしモノリスが恋しくなったとしても、マイクロサービスがもたらす他の利点を思い出してください。そのいくつかは、本章の最後で取り上げます。

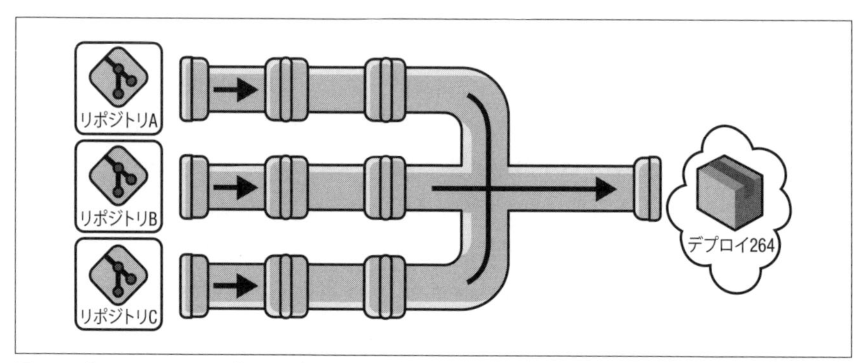


図1-6 「ファンインパイプライン」モデル内でデータを収集する場所を定める

明確なのは、パイプラインの複雑さに関わらず、ユーザーのサービス利用に影響を与えるデプロイのビルドだけを集計するという点です。そうしたビルドだけを計測するようにしましょう†9。

パイプラインからのデータ取得について、最後に触れておきたい点があります。それは、どのパイプラインの実行を集計すべきかということです。『Lean と DevOps の科学』では明示的に述べられていませんが、集計する対象は成功した実行のみです。例えば、コンパイル段階でビルドが失敗した場合、パイプラインの実行時間は成功時と比べて非常に短いはずです。これを集計に含めてしまうと、リードタイムが短くなる方に結果が歪んでしまいます。もしあなたが物事をゲーム感覚で進めたいのであれば（そして、4つのキーメトリクスの最大の利点は、私が知る限り、ゲーム感覚で行えないということです）、あえて、**本当に**早く失敗すると分かっているビルドをたくさん投入すればよいでしょう。

### 1.2.2.4　サービス障害の監視

パイプライン周りの計測を正確に行うのが比較的簡単な一方、3つ目と4つ目のキーメトリクスである、変更時の障害率とサービス復旧時間を算出するための情報源は、解釈の幅が非常に広いです。

†9　時折「インフラビルドの扱い」が問題となることがあります。4つのキーメトリクスの算出にそれらが含まれているのを見たこともあります。ですが、含まれていないからといって問題とは思いません。変更ではなく、時間によって引き起こされるパイプラインについてはどうでしょう？ それらは集計に含めないでください。何も変更していないものは、デプロイとはみなせません。

難しさは、「本番環境の障害」の定義にあります。もし障害があったとしても、誰もそれを発見できないのなら、それは本当に障害があったと言えるのでしょうか。私は、4つのキーメトリクスを使うときはいつでも、この問いに「いいえ」と答えてきました。私は「本番環境の障害」を、サービスの利用者が、自分が行おうとしていた作業を完了させたいときに、それができなかったり、そもそものやる気を失わせてしまったりすることと定義しています。外観上の欠陥はサービス障害とはみなしません。一方で、「動作しているシステム」がユーザーの離脱を引き起こすほど遅いのなら、それは明確にサービス障害とみなします。「本番環境の障害」の定義には、主観的な判断が含まれます。ですが、それは問題ありません。自分の納得のいく定義を決めて、それに誠実に従うようにしましょう。

「本番環境の障害」を定義できたら、サービス障害を記録する必要があります。通常、それは「変更障害」チケットによって行います。これが、変更時の障害率とサービス復旧時間の計装点となります。「変更障害」チケットが作られたら計測を開始し、そのチケットが閉じられたら計測を終了します。この開始と終了のタイムスタンプ、それに障害チケットの数が、変更時の障害率とサービス復旧時間の算出に必要なデータです。チケットが閉じられるのは、サービスが復旧したときです。これは、障害の根本的な原因が解決されたタイミングとは一致しないかもしれませんが、問題ありません。私たちが知りたいのは、サービスの安定性だからです。なので、ロールバックしてサービスが復旧した場合でも、チケットを閉じて問題ありません[†10]。

しかし、本番環境を操作できる立場にない場合はどうでしょうか。最初に確認したいのは、継続的デプロイメントへの移行に既に挑戦したかどうかです。まだなのであれば、それはぜひやるべきことです。しかし、その選択肢が誰にでも可能なわけではありません。そのような場合でも、最適とは言えませんが、4つのキーメトリクスを使うことは可能です。そのためには、「最上位の環境」を定義する必要があります。すべてのチームがデリバリーを行っている、本番環境に最も近い環境はどれでしょうか。そうした環境は、おそらくシステム統合テスト環境（SIT 環境）やプレ本番環

†10 チケットが作られた時刻とサービス障害が発生した時刻は一致しないと指摘されることがあります。おっしゃる通りです。監視をチケットの作成と結びつけて、この問題を回避したいのでしょうね。もしそのような手段を既にお持ちなら、素晴らしいことに、あなたはおそらく、4つのキーメトリクスを採用するための「微調整」段階にいます。ほとんどの場合、少なくとも最初のうちは、この精度は夢でしかありません。その段階では、まずはチケットを作成したタイミングから計測を開始するだけで十分でしょう。

境、ステージング環境などと呼ばれているはずです。重要なのは、変更を受け入れた時点で、その変更を本番環境に移行するための最終ステップに必要な作業がなくなったと、あなた方が考えている環境であることです。

そうした考慮の上で、その「最上位の環境」を本番環境と同等に扱いましょう。テスターやコラボレーションチームを、あなたの「ユーザー」として扱います。サービスの障害を定義するのは彼らです。テストの失敗が障害と定義されたなら、それを実際の障害と同じように真剣に扱います。この方法は決して完璧ではありませんが、何もしないよりはましなはずです。

## 1.3　記録と算出

> システムのモデリングをしている人たちは、「システムのモデルを構築することで、パラダイムを変える」と言います。システムのモデルを構築するためには、システムの外側へ出ていき、システム全体を見ざるを得なくなるからです。
>
> ―― ドネラ・H・メドウズ『世界はシステムで動く』(英治出版) [2]

計装点を定義したら、記録と算出を開始できます。このプロセスは自動化できているに越したことはありませんが、手動でも問題は全くありません[†11]。実際、私が4つのキーメトリクスを導入する際は、いつも手動で行うところから始めますし、そのままずっと手動であることも多いです。手動での記録と算出がどうして問題ないのかは、この後を読み進めれば理解できるはずです。

メトリクスを記録する作業は、単純にも複雑にもなり得ます。それは、パイプラインの性質に依存して決まります。いずれにせよ、4つのキーメトリクスは、4つの計装点から生じる4つのデータセット、すなわち、成功したデプロイ数、パイプラインが実行されている時間の合計、障害チケット数、障害チケットが開かれている時間の長さを使用して算出されます。ですが、データセットを取得するだけでは、メトリクスは得られません。メトリクスを得るには、算出を行う必要があります。ということで、その方法を順番に見ていきましょう。

†11　手動で行う場合には、誠実さが求められます。必要なすべてのビルドを収集対象としましょう。チェリーピックしてはいけません。また、できるだけ正確な数値を出すようにし、推測する場合は、その精度も推定しましょう。

### デプロイの頻度

このメトリクスは、回数ではなく頻度です。そのため、算出には**所定の期間内**に成功したデプロイの総数が必要です。私は1日が期間として効果的だと感じています。複数のパイプラインがある場合は、ファンインの有無にかかわらず、それらすべてのデプロイ数を合計する必要があります。

このデータを1日単位で記録して合計すれば（デプロイがない日の「ゼロ」を合計に含めることを忘れないようにしましょう）、1つ目のキーメトリクスが得られます。最新の日次データや過去24時間のデータを用いて作業を進めると、（私の経験では）変動が大きすぎることがあります。例えば過去31日間といったより長い期間の平均を表示すると最もうまくいきます。

### 変更のリードタイム

このメトリクスは、**任意の変更の反映が開始されてから終了するまでの経過時間**です。この値は変動する可能性があるので、最新のデプロイから最も新しい値を報告するだけでは不適切です。複数の（ファンインを含む）パイプラインがある場合は、ブロッキングの影響により、この変動はずっと大きくなります。求めたいのは、最新の外れ値ではなく、一般的な状態が反映された、もう少し安定した値です。それを踏まえ、私は通常、個々のリードタイムを計測したら、日ごとにその平均を算出します。報告する数値は、過去31日間のすべての計測値の平均です[†12]。

### 変更時の障害率

このメトリクスは、同じ期間のデプロイ総数に対する、障害をもたらしたデプロイ数の割合です。障害をもたらしたデプロイ数は、解決された障害チケットの数から導きます。例えば、1日に36件のデプロイがあり、2件の障害を解決した場合には、その日の変更時の障害率は2/36、つまり5.55555556%であることを意味します。

メトリクスを報告する場合には、対象の期間でこの率を算出します。すなわち、過去31日間の復旧済障害数を合計し、同じ期間の総デプロイ数で割りま

†12 ぜひ覚えておいてほしいのですが、平均値を平均するのは避けてください。問題を引き起こす可能性があるからです。日ごとに集計しておきましょう。そうすれば、メトリクスの裏付けとなるきれいなグラフを作れます。これについては後で紹介します。

す。

ここまでの話に、論理的な飛躍があるのにお気づきでしょうか。ここでは、障害は独立していて、ある障害はあるデプロイによって引き起こされると仮定しています。なぜでしょうか。私の経験上、障害を個々のビルドに遡って紐づけるのは大変難しく、また大半のインシデントでは、この仮定が十分に当てはまるためです。もし、あなたがこれについてよりスマートな考察ができる立場にあるなら、それは大変素晴らしいことです。

また、鋭い人は、私が**復旧済みの障害**だけを対象としていたことに気づいていたでしょう。なぜ、まだ解決していない障害を含めないのでしょうか。それは、4つのメトリクスに一貫性を持たせるためと、サービス復旧までの時間が復旧済みの障害しか考慮できないためです[†13]。あるメトリクスで未解決の障害をカウントできないのであれば、他のメトリクスでもカウントすべきではありません。しかし、心配は無用です。復旧していない障害のデータは引き続き自分たちの手元にあるわけですし、この後に説明するように、これを隠すことはありません。

### サービス復旧時間

このメトリクスは、障害チケットが作成されてから閉じられるまでにかかる時間です。『Lean と DevOps の科学』の著者らは、これを**平均サービス修復時間（Mean Time to Restore Service）**と呼んでいますが、以前の State of DevOps レポートでは単に**復旧までの時間**となっていました。Google の Four Keys プロジェクトの METRICS.md（https://oreil.ly/VlSgn）では、これを**サービス復旧時間の中央値**と定義しています。私は**平均値**と**中央値**の両方をこれまでに使ってきました。前者は外れ値に敏感で、時にはそれこそが学習に役立つ値の場合もあります。

平均値と中央値は、障害チケットの解決までの時間データから簡単に算出できます。どちらの値を使うにせよ、データ範囲に沿って入力を選択する必要があります。私は通常、過去120日間のデータを使い、その期間内に発生したすべての障害解決時間を取得し、その平均を算出し、このメトリクスとして報告し

†13 残念ながら、未解決の問題には「復旧済み」のタイムスタンプがありません。

ています。

ここには、先ほどとは別の潜在的な飛躍があります。障害チケットを手動で作成する際に、チケットを作成するタイミングを発見時点よりも遅らせることで、このメトリクスが歪んでしまう可能性があるという点です。正直なところ、たとえ人々が最善の意思を持っていたとしても、歪みは生じます。それでも、状況を把握して改善を推進していくための十分に良いデータを、ここから得ることができます。

これらの算出に使うデータは、取得する方法に関わらず、すべてオープンに取得するようにしましょう。まずは、4つのキーメトリクスを観察し始めることを開発チームに勧めましょう。この取り組みを秘密にする理由は何もないはずです。

次に、算出されたメトリクスと共に、すべての生データと算出の仕方も公開しましょう。これは後で重要になります。

さらに、それぞれのメトリクスに特別に適用した定義を明らかにし、それらの定義をどのように扱っているかを、**データそのものと一緒に**公開しておきましょう。こうした透明性が、チームにキーメトリクスに対する深い理解とエンゲージメントを高める効果をもたらします[†14]。

これらのアクセス（データ、算出、ビジュアライゼーションへのアクセス）についての話は重要です。4つのキーメトリクスがすべての人と共有されていないなら、その最大の強みを逃すことになるでしょう。

## 1.4 表示と理解

> では、パラダイムを変えるにはどうすれば良いでしょうか。…（略）…つねに、古いパラダイムの異常や失敗を指し続けること。声を大にし自信を持って、新しいパラダイムに基づいて話し、行動し続けること。
>
> ── ドネラ・H・メドウズ『世界はシステムで動く』（英治出版）[2]

4つのキーメトリクスを導入するとき、私は通常、メトリクスを表示するWiki

†14 算出方法が間違っていた場合にはバグレポートが届くかもしれません。4つのキーメトリクスに関する私の最高の学びのいくつかは、そこから得られました。

ページの作成から始めるようにしています。この Wiki ページのことを、私は**最小限の実行可能ダッシュボード（Minimal Viable Dashboard：MVD）**[†15]と呼んでいます。MVD には次の内容を含めます。

- 4つのキーメトリクスそれぞれの現在の値
- 各メトリクスの定義と算出期間
- データの履歴

また、データソースを特定できるようにすることで、誰もがデータソースに関われるようにしています。

### 1.4.1　対象となるオーディエンス

すべての統計がそうであるように、メトリクスは物語を持ちます。そして、物語にはオーディエンスがいます。4つのキーメトリクスの対象オーディエンスは誰でしょうか。主なオーディエンスは、ソフトウェアをデリバリーするチームです。メトリクスを改善したいのであれば、実際に変更を加える人々が対象オーディエンスになります。

メトリクスをどこにどう表示するにせよ、重要なのは、対象オーディエンスである個人やグループがメトリクスに容易にアクセスできることです。肝心なのは、「容易に」という部分です。メトリクスの表示では、対象オーディエンスがメトリクスを確認するのが容易で、さらにメトリクスを掘り下げてより詳細なデータを見つけ出すのが容易である必要があります。通常、それらのデータはオーディエンスが所有するサービスに固有のものとなります。

対象オーディエンスは他にもいるかもしれません。ですが、そうしたオーディエンスは、二次的なオーディエンスです。二次的なオーディエンスには、例えば、シニアマネジメントやエグゼクティブマネジメントがいます。経営幹部がメトリクスを見るのは良いことです。ただし、メトリクスは要約され、読み取り専用になっている必要があります。そうすれば、より詳細な情報を知るために、経営幹部はチームまで出向いてきて情報を得ることでしょう。

†15　このアイデアの触発元である、Matthew Skelton と Manuel Pais の「Minimal Viable Platform」のアイデアに敬意を表します。

理想的には、MVD をセットアップした瞬間から、データの収集と算出の自動化を始められます。執筆時点では、いくつかの選択肢があります。おそらく、Google の Four Keys（https://oreil.ly/BPRaw）や Thoughtworks の Metrik（https://oreil.ly/1EDTb）、あるいは、Azure DevOps（https://oreil.ly/vMSBR）などのプラットフォームが用意している拡張機能が選択肢になるでしょう。ただ、私はそれらのどれも使ったことがありません。それらが目的に適しているのは確かですが、ここでは私が自作することで得た経験の利点を共有します。商用プロダクトを使用するか、オーダーメイドのものを作る時間と労力を投資するかを判断する助けになると幸いです。

### 1.4.2 可視化

自作に取り組んできた成果のうち、最も高機能なダッシュボードは、Microsoft PowerBI を使って構築したものです（PowerBI を使用したのは、顧客が Azure DevOps を導入していたためです）。日数や時間を何度も調整した後、私たちは生データを取得し、算出を行い、グラフやその他の視覚的な表示要素を作成することに取りかかりました。

#### 1.4.2.1 デプロイの頻度

このデータでは、X 軸を日付、Y 軸をデプロイ数とした棒グラフを選択しました（**図1-7**）。各バーはその日のデプロイ数の合計を表し、その下には主要な統計データを要約して表示しています。

1 日あたりの平均デプロイ数のボックスは、キーメトリクスの 1 つ、デプロイの頻度を示しています。私たちのソフトウェアデリバリーパフォーマンスが DORA（DevOps Research and Assessment）の評価スケール†16で「エリート」レベル†17であることを示すため、このボックスは緑色でハイライトしています。さらに透明性を高めるため、当日のデプロイ数と、グラフにした期間（31 日間）のデプロイの合計数を表示しています。最後に、平均値、95 %、全体のデータ傾向をグラフ上の点線と

†16 『Lean と DevOps の科学』の図 2.2 と図 2.3、および DORA の最新レポート「State of DevOps」（https://oreil.ly/IetZp）より最新の表を参照してください。

†17 訳注：「State of DevOps」では、組織のソフトウェアデリバリーパフォーマンスを「エリート（Elite）」「ハイ（High）」「ミディアム（Medium）」「ロー（Low）」の 4 つに分類しています。

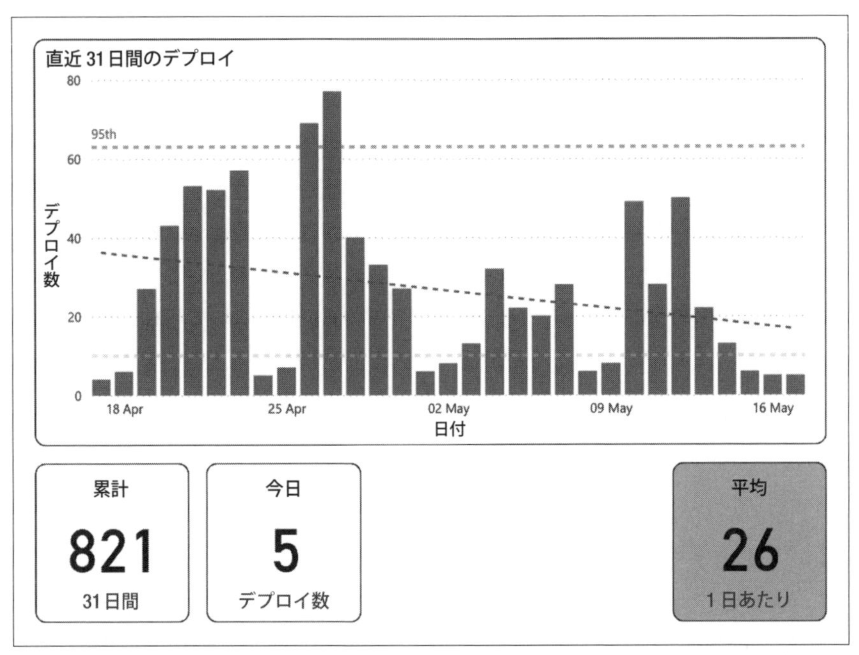


図1-7 デプロイの頻度。右下のボックスは、ソフトウェアデリバリーパフォーマンスがDORA（DevOps Research and Assessment）の評価スケールで「エリート」レベルであることを示している

してプロットしています。

### 1.4.2.2 変更のリードタイム

**図1-8**の棒グラフは、変更のリードタイムのデータを示しています。X軸は日付を、Y軸はその日のリードタイムの**平均値**を示しています。

この図でも、前の図と同等に、右下にキーメトリクスをハイライトして示しています。この図で示しているのは、表示期間におけるリードタイムの平均で、ハイライトはソフトウェアデリバリーパフォーマンスがDORA（DevOps Research and Assessment）の評価スケールで「ハイ」レベルであることを示しています。また、確認しやすいよう、最も長かったリードタイムを図の左下のボックスに表していま

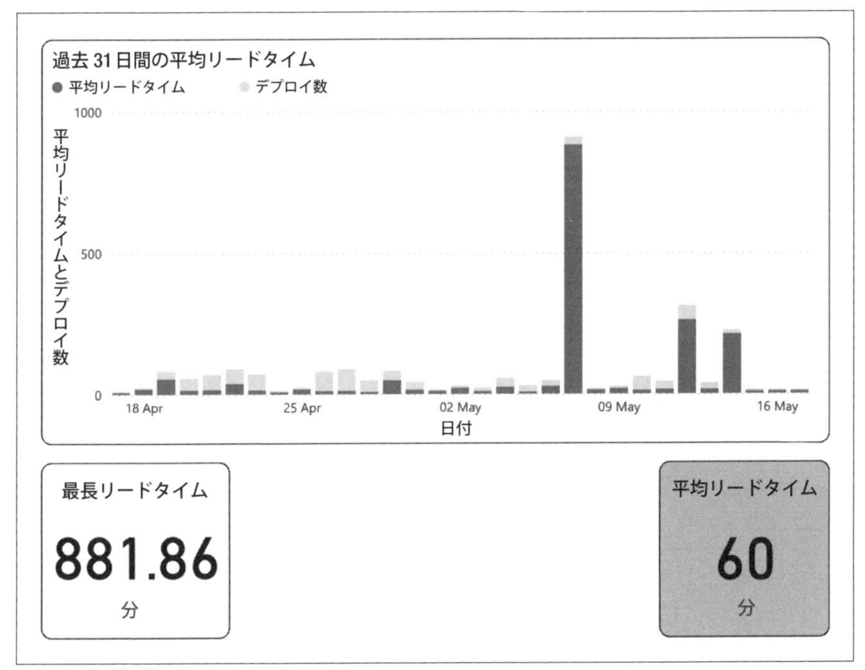


図 1-8 変更のリードタイム。右下のボックスは、ソフトウェアデリバリーパフォーマンスが DORA の評価スケールで「ハイ」レベルであることを示している

す[†18]。

私たちは、この図を見るときに「その日はデプロイが盛んだったか」をあわせて確認していることに気づきました。そこで、グラフ上に別の線を新たに増やすのではなく、リードタイムと一緒にデプロイ数（薄いグレー）を重ねてプロットするようにしています。

#### 1.4.2.3 変更時の障害率

**図 1-9** は、変更時の障害率を表す棒グラフを示しています。このメトリクスは、これまでの表示とはかなり異なっています。Y 軸から確認できるのは、特定の 24 時間以内に解決した障害があったかどうかです[†19]。したがって、問題が発生していたか

†18 ブロックされたビルドがあったのがこの原因でした。それを見抜くのは難しいことではありません。
†19 複数の障害が発生することもありましたが、それは稀なことでした。

は**一目瞭然**となっています。

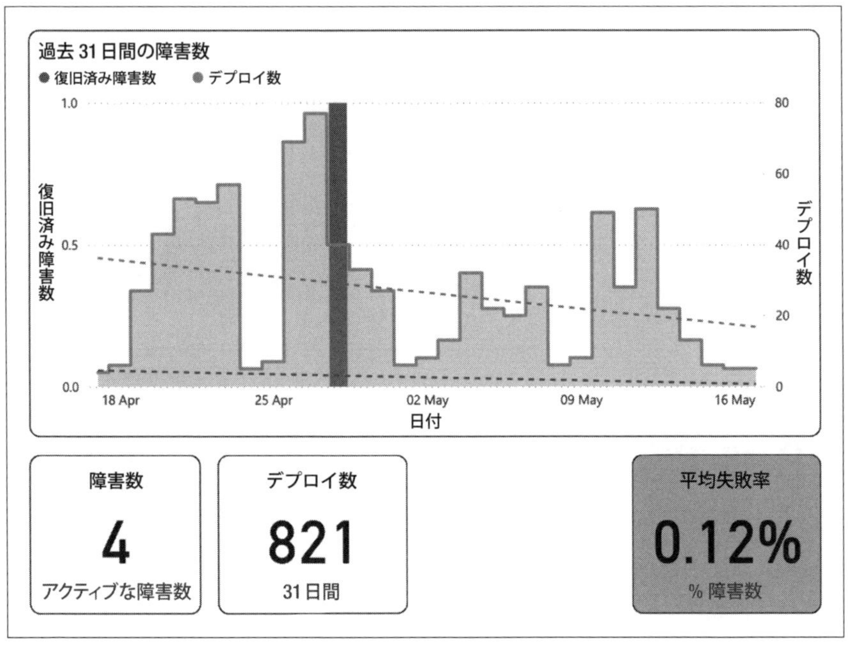


図1-9　変更時の障害率。右下のボックスは、ソフトウェアデリバリーパフォーマンスがDORAの評価スケールで「エリート」レベルであることを示している

すべてのコンテキストがここにプロットされています。デプロイ数のプロットを見れば、「その日はデプロイが盛んだったか」という疑問にすぐに答えられます。

最後に、キーメトリクスの１つ、対象期間の総デプロイ数に対する障害数の割合が、これまでと同様、右下に表示されています。この他にも、アクティブな障害数、期間中の総デプロイ数など、重要な統計を表示しています。

### 1.4.2.4　サービス復旧までの時間

最後のメトリクス、「サービス復旧までの時間」の表示には最も時間がかかりました。ですが、デプロイの頻度とリードタイムを安定させた後は、このメトリクスが最も重要なものとなりました[20]。時系列の棒グラフ（**図1-10**）が再び示されていますが、このメトリクスを取れるタイミングは他のメトリクスよりもずっと少ないため、他のメトリクスよりも長いタイムスケール（120日）で値をプロットすることで、どのように改善しているかを比較できるようにしています。また、コンテキストを理解するために、変更のリードタイムもあわせてプロットしています。

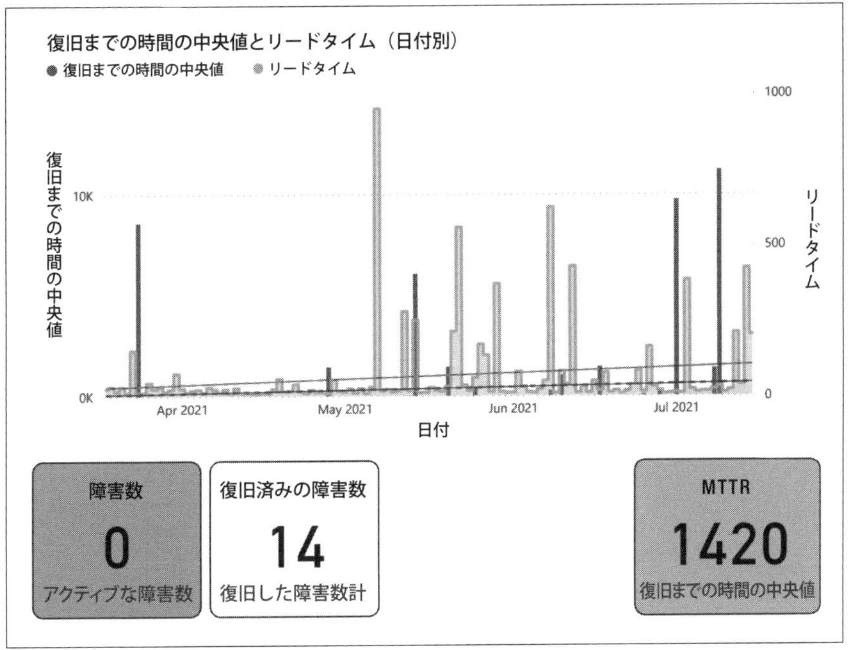


図1-10 サービス復旧までの時間。左下のボックスは対応中の障害が0件であることを示している。これは、DORAの指標ではないものの、知るべき重要な指標だ。右下のボックスは、ソフトウェアデリバリーパフォーマンスがDORAの評価スケールで「ハイ」レベルであることを示している

これまでと同様に、図の右下にはキーメトリクスを表示しています。ここで表示しているキーメトリクスは、期間内に復旧された障害に関する復旧時間の中央値です。これに付随して、表示されている期間内のアクティブな障害数と復旧された障害数の

†20 経験上、あなたもこれが焦点となるのは間違いないでしょう。

合計という他の主要な統計も表示しています。

### 1.4.3 フロントページ

これで終わりではありません。PowerBIで作成したレポートには「4つのキーメトリクス」へのフロントページも用意しました。そこには、個々の統計ページにあるキーメトリクスの数値と、デプロイの頻度とリードタイムのグラフを示していました。このページの目的は、迅速かつ正確に、**リアルタイム**で統計情報を知ってもらうことにありました。フロントページに載せるグラフは、その時にフォーカスしているもので決めていました。

これによって、4つのキーメトリクスの真の力を解き放つ準備が整いました。もしあなたが真の恩恵を享受したいのであれば、これらのメトリクスとそれを支えるモデルやシステムへのアクセス権をチームに与え、理解を促すことが最も重要です。それこそが、チームが自分たちのソフトウェアについて議論し、理解し、所有し、改善することを可能にするのです。

## 1.5 議論と理解

> パラダイム変化のプロセスには、物理的なものも、お金のかかるものも、時間のかかるものさえも、何もありません。ひとりの人であれば、ミリ秒の単位で、パラダイムは変わることが可能です。必要なのは、頭の中でピンと来ること、目から鱗が落ちること、新しい見方をすることだけなのです。
>
> ―― ドネラ・H・メドウズ『世界はシステムで動く』（英治出版）[2]

ここで示した表示の仕方や算出に用いる期間などをどのようにして定められたかと問われたら、答えはイテレーションにあります。私たちは、追加や改良を必要に応じて繰り返し行うことで、前述の形にたどり着いたのです。

毎週、今後のスパイクやアーキテクチャデシジョンレコード（Architectural Decision Record：ADR）[†21]について話し合い、そして、4つのキーメトリクスを確認しました。最初のうちは、各メトリクスの意味について話し合いました。その

†21 ADRはMichael Nygardが最初に提唱しました。

後は、なぜその数値になったのか（数値が高すぎるのか低すぎるのか、データが不足しているのかなど）、どうすれば改善できるのかが議論の中心になりました。徐々にではありますが、チームメンバーは、4つのキーメトリクスのメンタルモデルに慣れていきました。PowerBIのダッシュボードを使い、チームがリアルタイムでデータを自己管理できるようにし、パイプラインのデータのみを表示できるようにしたことも非常に効果的でした。トレンドラインを追加して、デフォルトの31日よりも長いタイムスケールを確認できるようにもしました。

私は、これらの集中的で、啓蒙された、職能をまたいだ議論の価値に驚嘆しました。これらの問題や課題を発見し、理解し、分析し、改善することは、以前はアーキテクトである私一人に任されていました。しかし今では、チーム自ら解決策へ取り組み、推進しています。

## 1.6 オーナーシップと改善

チームがオーナーシップを持ち始めると、必ずと言っていいほど、次のような光景を目にします。まず、最も簡単な要求、つまりプロセスや仕事のやり方を近代化する要求がやってきます。「リリースの周期を変えられないか」。次に、チームが品質についてより関心を持ち始めます。「テストを残そう」「自動化を進めよう」[†22]。そして、チームの構成を変えようという要求が出てきます。「職能横断チーム（またはストリームアラインドチーム[†23]）に移行できないか？」。

トレードオフや失敗、学ぶべき教訓は常にありますが、**変革は自己駆動的に進行します**。**エンドツーエンド**で物事を捉え、その利点をより深く理解するにつれて、チームは尽力すべきことやソリューションを修正し、適応させていくことでしょう。

これらすべての変革は、アーキテクチャの問題を明らかにするという一点へと最終的に集約されていきます。問題は机上の設計にあったのかもしれません。机上では問題なかったとしたら、本番環境に組み込まれた実装に問題があったのかもしれません。いずれにせよ、解決しなければならないことがあります。例えば、思ったほど疎

†22 QAとオペレーションは大喜びです。アーキテクトである私だけでなく、QAが4つのキーメトリクスを使用して変革を推進していくのも、これまで頻繁に見てきました。

†23 訳注：単一のビジネス機能のソフトウェアを担当するビジネス機能中心のチームのこと。https://bliki-ja.github.io/TeamTopologies

ではない結合、当初の想定ほどは明確でないドメイン境界、チームを助けるどころか邪魔をするフレームワーク、期待していたほど簡単にはテストできないモジュールやインフラストラクチャ、実際のトラフィックで稼働していると観察が不可能なマイクロサービスなどがあったりするかもしれません。これらは、責任あるアーキテクトとして、通常あなたが対処しなければならない問題です。

## 1.7　結論

あなたの目の前には今、２つの選択肢があります。１つは、自分の能力の限界まで、このまま自分一人の力だけで精一杯アーキテクチャの船の舵を取り続ける道です。もう１つは、４つのキーメトリクスが引き出す会話やモチベーションを利用して、共通のゴールである「よりテスト容易性があり、より疎結合で、より耐障害性が高く、クラウドネイティブで、実行性があり、可観測性を持つアーキテクチャ」に向かって、徐々に舵を手放しつつ、成熟しつつあるチームに委ねながら、ゆっくりと進んでいく道です。

後者の道こそが、４つのキーメトリクスが最も価値のあるアーキテクチャメトリクスと位置付けられている理由です。ぜひ、チームと共に４つのキーメトリクスを活用し、これまで目にしたこともないような最高のアーキテクチャを共同で実現していってください。

# 2章 適応度関数テストピラミッド：アーキテクチャテストとメトリクスのためのアナロジー

Rene Weiss

適応度関数とは、進化的計算[†1]から借用した概念で、ソフトウェアシステムのメトリクスを定義するためにも使える簡潔な手法です。この章では、取り組んでいるのが新しいシステムの構築か既存システムの改善かに関わらず、システムに合わせたメトリクスを定義しアーキテクチャを改善するのに、適応度関数がどのように役立つかを説明します。適応度関数とメトリクスをテストピラミッドの概念と組み合わせることで、メトリクスを定義し、優先順位をつけ、釣り合いを取って、目的に対する進捗を計測できるようになります。

## 2.1 適応度関数とメトリクス

適応度関数という概念は、Neil Ford、Rebecca Parsons、Patrick Kua による書籍『進化的アーキテクチャ』（オライリー・ジャパン）[4] の中で初めて紹介されました。『進化的アーキテクチャ』では、適応度関数を「見込みのある設計ソリューションが、設定した目的の達成にどれだけ近いかを要約するために使用する目的関数[†2]」と定義しています。適応度関数は通常、達成または改善しようとしているメトリクス

†1 訳注：生物の進化のメカニズムをまねてデータ構造を変形、合成、選択する手法およびそれを研究する分野。最適化問題を解くことと最適な構造を生成することを目的としています。

†2 訳注：最適化問題において最大化あるいは最小化したい関数のことを目的関数と呼びます。

である離散値を出力します。目的を達成できているかを知るには、対象となるメトリクスを計測するテストまたは検証の仕組みが必要です。理想的には、これは自動化されていて欲しいところですが、適応度関数では、それを必須とは定めていません。

適応度関数はとても柔軟な概念なので、私は、対象メトリクスを作成するのに適応度関数を利用するという考えを好んでいます。適応度関数は、典型的なメトリクス（コードカバレッジや循環複雑度[†3]のような、コードまたはその構造に対するメトリクスなど）を記述し、統合するのにも使えますが、決してそれだけに閉じるものではありません。適応度関数は、あなたのシステムとコンテキストに合わせて、アーキテクチャのメトリクスを調整することにも使用できます。

**図2-1**に示す概念図は、適応度関数と対象メトリクスとの関係を示しています。適応度関数には、対象メトリクスの定義と併せて、関連コンテキストを記述します。私はこれを**適応度関数コンテキスト**と呼んでいます。適応度関数コンテキストには、テストに影響を与える環境や定義、制限などについての追加情報が含まれます。どのようなものが適応度関数コンテキストに含まれるかについては、その分類とともに、後ほど詳しく説明します。

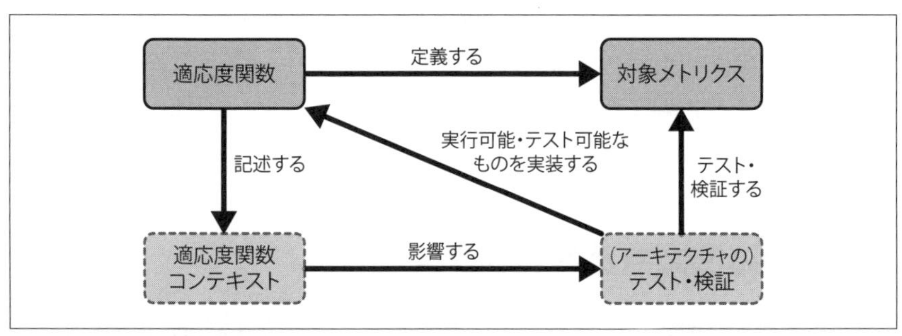


図2-1　適応度関数概念マップ

**アーキテクチャテスト**は、多くの場合、対象メトリクスを生成した上で、それがある閾値以上（または以下）であるかを直接検証します。そういったテストは、一般に

†3　循環複雑度は広く使われているコードメトリクスで、通常、静的コード解析ツールを使用して導出されます。循環複雑度は、1976年にThomas J. McCabeによって開発されました。高い循環複雑度は、コードの理解が難しく、変更が困難である可能性を示します。

継続的インテグレーション（CI）のワークフローの一部として実行されます。中には、特定のトリガー無しに、継続的に実行・検証できるものもあります。私は、**アーキテクチャテスト**や**アーキテクチャ検証**という言葉を、機能テストと明確に区別して使っています。例えば、システム内に新しい顧客を適切に登録できるかを確認するのが機能テストだとすると、アーキテクチャテストでは、アーキテクチャ上の目標や定性的な目標を達成しながら、10 人の顧客を登録できるかを確認します。具体的には、10 人の顧客を顧客をどれくらいの速さで登録できたかというメトリクスを取り、それが 10 ミリ秒以内であるかといったことを検証します。

適応度関数とそのコンテキスト、そして対象メトリクスは、相互に強く結びついています。私たちはこの 3 つを**設計時に**定義します。アーキテクチャテストは、その後で作成します。テスト自体は、適応度関数や対象メトリクスの定義には含んでいません。

もし、アーキテクチャテストが自動化されているのなら（私はそれを強く推奨します）、以降、メトリクスは自動的に作成されるようになります。アーキテクチャテストを実装する際には、システムやアーキテクチャの何かを変更したり、新しいツールやフレームワークを評価したり、「エンジニアリング」面で創造性を発揮する必要があるかもしれません。これらはすべて、目標とメトリクスを定義した後に行います。適応度関数をいつ、どのように定義し、アーキテクチャテストを実装するかは、「2.7 適応度関数とメトリクスを開発する」で説明します。

一言でいえば、適応度関数は「良さ」を定義するものとして機能します。いくつかの例を見ていきましょう。

### 2.1.1 適応度関数：テストカバレッジ[†4]

ユニットテストのカバレッジを 90% 以上に保つのが重要なシステムがあるとします。そのシステムではまた、統合テストで行カバレッジを 50% 以上に保つことを目標としています。この 2 つの目標を、コンテキスト付きの適応度関数として記述する

†4 **テストカバレッジ**とは、特定のテストセットによってどの程度のソースコードがカバーされているかを計測する、ソフトウェア開発における用語です。例えば、自動テストを実行する際は、一般に「テスト」されたコード行（「行カバレッジ」）を計測します。他にもカバレッジを計測する方法はあります（例えば、ブランチカバレッジなど）。ですが、説明を簡単にするため、ここでは行カバレッジに焦点を当てています。すなわち、100 行のコードを持つプログラムが 80 %のテストカバレッジを持っている場合には、このコードの 80 行がテスト実行によって触れられていることを示します。

とどのようになるかを見てみましょう（**例2-1**、**例2-2**）。

例2-1 適応度関数

```
ユニットテストのカバレッジ > 0.9;
各 CI ビルドで実行;
目標カバレッジを下回った場合は失敗する
```

例2-2 適応度関数

```
統合テストのカバレッジ > 0.5;
夜間の統合テスト用のビルドのたびに実行;
目標カバレッジを下回った場合は失敗する
```

これらのシンプルな例から分かる通り、適応度関数には、満たすべき対象メトリクス（テストカバレッジ）、メトリクスに関連するコンテキスト（テストの種類と実行するタイミング）、メトリクスを自動的に検証するために必要な追加のコンテキストを定義します。

実際の実装（**例2-1**であれば、テスト実行中にカバーしたコードを計測する。**例2-2**であれば、特定のテスト環境を構築してテストを実行して結果を検証する）は、アーキテクチャテストの実装の一部となります。

### 2.1.2 適応度関数：ネットワークレイテンシーを考慮した統合テスト

テストしているシステムが、REST/JSON API を使用してサードパーティのシステムと連携しているとします。その API が遅かったり反応しなかったりすると、システムの安定性やパフォーマンスが低下してしまいます。そのため、システムがそういったイベントを適切に処理し、期待通りに動作することを確認したいとします。このときに定義する適応度関数の例を、**例2-3**に示します。

例2-3 適応度関数

```
統合テストのエラー = 0%
（サードパーティ API 呼び出しのネットワークレイテンシーを 10 秒とした場合）;
夜間の統合テスト用のビルドのたびに実行;
統合テストに合格しなかった場合は失敗とする
```

この例における適応度関数の構成要素は、先ほどの２つの例ほど明らかではないかもしれません。この適応度関数における対象メトリクスは、サードパーティのAPI呼び出しに10秒のネットワークレイテンシーがかかることを想定した統合テストの実行において、テストエラーが0%（エラー無し）であることです。

実際のテスト実装では、環境のセットアップ、サードパーティAPI呼び出しのための10秒のネットワークレイテンシーのシミュレーション、毎晩の統合テスト用ビルドの実行、そして統合テスト時に発生したエラーの計測を行います。

**例2-4**に、**例2-3**のバリエーションを示します。この適応度関数では、**例2-3**と同じコンテキストに、システム全体のスループットのような追加メトリクスを組み合わせることで、10秒のネットワークレイテンシーがあっても特定のフォールバックメカニズムが正しく機能していることをテストしています。

例2-4　適応度関数

```
統合テストのエラー = 0%
（サードパーティ API 呼び出しのネットワークレイテンシーを 10 秒とした場合）;
夜間の統合テスト用のビルドのたびに実行;
統合テストに合格しなかった場合は失敗とする;
テスト実行時間が 10 分を超える場合は失敗とする
（ネットワークレイテンシーがない場合の標準的な実行時間は 5 分以下）
```

このバリエーションでは、満たすべきパフォーマンス目標を対象メトリクスに追加しています。この適応度関数では、10秒のネットワークレイテンシーがあると仮定した上で、システムのフォールバックメカニズムが機能し、システム全体が特定の時間枠内（最大でも標準的なネットワークレイテンシーの2倍）で動作することを検証します。

## 2.2　適応度関数の区分

適応度関数は、多くの区分にまたがっています（私はこれらを次元と呼ぶのを好みます。この章ではこの2つの用語を同義に使用します）。適応度関数の区分を意識することは、自分たちのソフトウェアシステムに最も有用な適応度関数を定義する指針となります。適応度関数は、いずれも、この節で紹介する区分を組み合わせたものとなります。とはいえ、意味がない組み合わせも存在する点には注意してください。

ここでは、『進化的アーキテクチャ』に掲載されている、適応度関数の区分の大変優れた説明的なリストをほとんど再利用しつつ、そこに私が重要だと考えるものを追加しています。

ここで説明する区分は、適応度関数や対象メトリクスの定義をする際や、対象メトリクスを取得し検証するアーキテクチャテストを実装する際に、考慮すべき観点を網羅するためのガイドとして役立てられます。これらの区分をカタログとして用いることで、システムに合った区分の組み合わせを選び取れます（後ほど簡単な概要を紹介します）。ソフトウェア開発ではいつもそうですが、チームもしくは協働作業するチームにとって意味がある区分だけを使うようにしましょう。

では、私の考える6つの必須区分と、4つの任意区分を見ていくことにしましょう。

## 2.2.1 適応度関数の必須区分

次に示す6つの区分は、ソフトウェア開発の試みにとって常に意味を持つため、必須の区分となります。適応度関数を開発する際にこれらの区分を考慮しないとしたら、その適応度関数から定義されたメトリクスやアーキテクチャテストは、適応度関数の定義に含まれる重要ないくつかの観点が欠落した、理想的ではないものとなるでしょう。

### 2.2.1.1 フィードバックはアトミックかホリスティックか

メトリクスを作り出すためのテストには、システムのどの程度が関与するでしょうか。現実には、この区分は二者択一ではなく連続的なものですが、分かりやすくするため、連続体の両端を2つの区分として表しています。

**アトミック（原子的）な**適応度関数は、システムの限られた面のみを検証します。したがって、検証結果からは、システム全体へのフィードバックが必ずしも得られるわけではありません。その場合には、システムの限られた部分へのフィードバックのみが得られます。典型的な例としては、保守性の指標となる循環複雑度を計測するような静的コード解析の実行や、保守性やテスト容易性の指標となるユニットテストカバレッジの計測があります。

一方、**ホリスティック（全体的）な**適応度関数は、システムのより広い範囲に対するフィードバックを提供します。ホリスティックな適応度関数からポジティブな結果が得られた場合には、システムの大部分が期待通りに動作しており、エンドユーザーが意図した通りにシステムを使用できていることを意味しています。ホリスティックな適応度関数は、構築と保守が難しくなる傾向があります。

#### 2.2.1.2　テスト実行のトリガーは何か

テストは、手動での実行に加えて、開発者のアクションによって実行されるCIワークフローや、予定実行（例：夜間実行）など、あるトリガーによって自動的に実行されるのが普通です。そのようにテスト実行がトリガーされる適応度関数は、「**トリガー式**」と分類されます。これに対し、メトリクスとその閾値を定期的に検証する適応度関数のような、開発のアクティビティに関係なく継続的にテスト実行がトリガーされる適応度関数は、「**継続的**」と分類されます。継続的なフィードバックは、通常、本番環境で行われる実測や、システムの稼働中に収集されるメトリクスの評価とリンクしています。また、「継続的」な適応度関数は、システム監視（ツール）の技術領域に存在することが多いです。例えば、あるサービスの応答時間の監視は、継続的な適応度関数と分類される可能性があります。

#### 2.2.1.3　テストはどこで実行されるか

対象となるテストは、テスト環境で実行されているでしょうか、それとも本番環境で実行されているでしょうか。CI/CDパイプライン内でテストを実行する選択肢もあります（例えば、CI/CDシステムのホスト上でユニットテストのコードカバレッジを直接計測するなど）。また、その適応度関数はテスト環境で評価される可能性もあります（性能テストや負荷テストなど）。一部のケースでは、テストは本番環境から直接導き出すことも可能です。そして、これらは重複して実施される場合があります。CI/CDパイプラインが、パフォーマンステストをテスト環境で開始する場合などです。この区分は、テストが実行される場所、追加のハードウェアの要不要、そしてテストが実行中の本番システムに影響を与えるかどうかを決定します。

#### 2.2.1.4　メトリクス値の種類

メトリクス値の種類は、ごく自然に考えられます。アーキテクチャテストは、どのようなメトリクス値を生成するでしょうか。単なる真偽の判定（「すべてのテストがグリーン」）でしょうか、それとも数値が生成されるでしょうか。加えて、生成されるメトリクスが時系列で保存され可視化されることで、価値あるアウトプットを提供するかどうかも検討する必要があります。

#### 2.2.1.5 自動と手動

いくつかのテストは、手動で実行するのが有用な場合があります。手動で実行するのが有用なのは、通常、自動化すると労力や金銭的コストがかかりすぎる、あるいはそもそも自動で実行するのが不可能といった場合です。例えば、法的要件に対するテストは、適応度関数として表現できますが、自動化することには意味がありません[1]。しかし、一般にソフトウェアアーキテクトは、できるだけ簡単かつ頻繁にテストを実行できるよう物事を自動化することを好みます。

#### 2.2.1.6 品質特性要件

最も重要だと考える区分は、ソフトウェアシステムの**品質特性**（**品質特性要件**や**品質目標**、**アーキテクチャ特性**とも呼ばれます）です。ソフトウェアアーキテクチャは、機能要件、品質特性、制約という3つの要素から主に導かれます。品質特性は、プロダクトの機能要件が全体でどれだけうまく連携する必要があるかを表し、システムが備えるべき追加の質的要件（システムのある部分をどの程度容易に適応できるかなど）を定めます。品質特性がソフトウェアアーキテクチャを考える際に非常に重要なのは、『実践ソフトウェアアーキテクチャ』（日刊工業新聞社）[5]などに示されている通りです。

国際標準化機構（ISO）規格25010は、品質特性のカタログの一例を提供しています。この規格は、プロダクト品質の8つの主な特性を挙げ、それらをより具体的な副特性に分類しています（**表2-1**参照）。

表2-1 品質特性と副特性[†5]

| 特性 | 副特性 |
|---|---|
| 機能適合性 | 機能完全性 |
| | 機能正確性 |
| | 機能適切性 |
| 性能効率性 | 時間効率性 |
| | 資源利用率性 |
| | 容量満足性 |
| 互換性 | 共存性 |
| | 相互運用性 |

†5 ISO/IEC 25010, ISO 25000, accessed March 28, 2022, https://oreil.ly/Q3yst.

表2-1 品質特性と副特性（続き）

| 特性 | 副特性 |
|---|---|
| 使用性 | 適切度認識性 |
| | 習得性 |
| | 運用操作性 |
| | ユーザーエラー防止性 |
| | ユーザーインターフェイス快美性 |
| | アクセシビリティ |
| 信頼性 | 成熟性 |
| | 可用性 |
| | 耐故障性 |
| | 回復性 |
| セキュリティ | 機密性 |
| | インテグリティ |
| | 否認防止性 |
| | 真正性 |
| 保守性 | モジュール性 |
| | 再利用性 |
| | 解析性 |
| | 修正性 |
| | 試験性 |
| 移植性 | 適応性 |
| | 設置性 |
| | 置換性 |

ISO 規格だけがソフトウェアの品質特性を分類する方法ではありません。Hewlett-Packard 社は、FURPS（functionality, usability, reliability, performance, and supportability の略、https://oreil.ly/hAWgp）という別の体系を開発しました。とはいえ、この章では、ISO で定義されている特性を使用することにします。

品質目標について関係者と議論するのに、どのようなテンプレート、カタログ、規格を使うにしても、品質目標はシステムのアーキテクチャを開発する際の主要な推進要因の一つであり、適応度関数とメトリクスを定義する際の主要な推進要因でもあるということを忘れてはいけません。

全体的な目標に大きなインパクトを与える特性に時間と労力を費やすのは、理にかなっていると言えます。したがって、「2.7 適応度関数とメトリクスを開発する」では、主なステークホルダーと品質目標を一致させ、それを定義することが、関連する適応度関数とそのメトリクスを作成するための最初のステップとなります。

### 2.2.2 適応度関数の任意区分

次に示すのは、あなたのコンテキストに関連し得る、補足的な区分です。常に関連性があるわけではないため、これらは任意区分と考えてください。区分のうちのいくつかは、大規模な取り組みだけに見られるコミュニケーションや文書の要件と関連しています。

#### 2.2.2.1 その適応度関数は一時的か、それとも永続的か

用途や有効性が限定的である場合、その適応度関数は「**一時的**」なものと分類されます。そうでない適応度関数は「**永続的**」と分類されます。ここでいう「永続的」とは、その関数が特定の終了日を念頭に置いて設計されていないという意味です。それが「永遠に」続くという意味ではありません。永続的な適応度関数は、ソフトウェア開発の他のすべてのものと同様、変更されたり放棄されたりする可能性があります。

長期間にわたる特定の変更やリファクタリング活動は、一時的な適応度関数が用いられる良い例です。リファクタリングが進行している間、一時的な適応度関数とメトリクスがさらなる支援を提供します。そして、リファクタリングが終了したなら、それらの適応度関数も役割を終えます。

#### 2.2.2.2 その適応度関数は静的か、動的か

**静的な**適応度関数、より正確には静的な適応度関数のメトリクスは、対象メトリクスの静的な定義を持ちます。そして、その静的なメトリクスに対して検証を行います。例えば、先に示した適応度関数例である**例2-1**や**例2-2**では、コードカバレッジが常にある静的な値以上かどうかをチェックしています。

一方、**動的な**適応度関数は、ある値に対する一定の範囲を対象メトリクスとして定義します。現在のアクティブなユーザー数に対して、レスポンスタイムの対象範囲を定めるといった具合です。例えば、アクティブなオンラインユーザーが10,000人から100,000人の範囲である場合に、レスポンスタイムの対象範囲を50ミリ秒から100ミリ秒の間と定義します。

動的な定義の場合には、（自動）テストの作成はより複雑になります。しかし、この定義は、静的な定義よりも実世界のユースケースに適応できるので、使い方によっては、より価値のあるアウトプットを提供できます。

#### 2.2.2.3 対象オーディエンスは誰か

適応度関数とメトリクスの対象オーディエンスは、開発者や運用者、プロダクトマネージャーだけではありません。その他のステークホルダーも含まれる可能性があります。対象オーディエンスを明確にすることは、文書化やコミュニケーションが必要となる大規模な組織やプロジェクトにおいて役立ちます。事前にオーディエンスを知っておくのは、出力をどこでどのように視覚化し、それにアクセスできるようにするかを決める上で重要なことです。

#### 2.2.2.4 その適応度関数とメトリクスはどこで適用されるか

大規模システムや複数のシステムからなるシステムの場合、適応度関数とそのメトリクスの有効性や実行を、単一のシステム、サブシステム、サービスだけに制限する必要がある場合があります。これは通常、より大規模なソフトウェア開発の取り組みに存在する、追加の文書化やコミュニケーションの必要性とも密接に関係します。あるいは、システムやサブシステム内の特定の技術に対し、適応度関数を限定的に適用するのが望ましい可能性があります。例えば、JavaScript で書かれたフロントエンドと Java で書かれたバックエンドに対して異なるコードカバレッジを要求するような場合です。

### 2.2.3 適応度関数の分類のまとめ

最後に、適応度関数を作成する際の参考として、**表2-2** と**表2-3** に適応度関数の分類と取り得る値をまとめておきます。

表2-2 適応度関数の必須区分

| 特性 | 取り得る値 |
|---|---|
| フィードバックの幅 | アトミック or ホリスティック |
| テスト実行のトリガー | トリガー式 or 継続的 |
| 実行場所 | CI/CD、テスト環境、本番システムなど |
| メトリクス値の種類 | 真偽値、離散値、時系列／履歴値 |
| 自動化 | 自動 or 手動 |
| 品質特性 | ISO 特性：機能適合性、性能効率性、互換性、使用性、信頼性、セキュリティ、保守性、移植性 |

表2-3　適応度関数の任意区分

| 特性 | 取り得る値 |
|---|---|
| 一時的か永続的か | 一時的 or 永続的 |
| 静的か動的か | 静的 or 動的 |
| 対象オーディエンス | 場合による：例えば、開発者やプロダクトオーナー |
| 適用性 | 場合による：例えば、特定の技術（JavaScriptのみ）やシステムの特定領域（サービスA、サービスB）など |

これで区分が理解できました。次は、テストピラミッドのフレームワークにこれを当てはめてみましょう。

## 2.3　テストピラミッド

テストピラミッドは、さまざまな種類の自動テストを3つの層に分類する際に用いられる、広く知られ受け入れられている概念です[†6]。Martin Fowlerは、テストピラミッドを「バランスの良いポートフォリオを作成するために、さまざまな種類の自動テストをどのように使用すべきか考える方法」と説明しています。ここでの「バランスの良い」とは、自動化された機能テストのポートフォリオとして、そのテストが提供する信頼性と、実行時間や保守コストとの間で釣り合いが取れていることを意味しています。通常、テストが多ければ多いほど、アプリケーションが期待通りに動作しているという確信は強まります。一方で、それは実行コストと保守コストが高くなるという欠点を伴います。

**図2-2**に、3つの層からなる基本的なテストピラミッドを示します。それぞれの層は、異なる品質のフィードバックを提供します。

**最下層**

最下層は、最も容易なテストであるユニットテストで構成されます。ユニットテストが失敗した場合、テスト対象の要素に問題があるのは明らかです。一方、ユニットテストの失敗から、現実世界のユースケース（テスト対象の持つ

†6　Ashley Davis『Bootstrapping Microservices with Docker, Kubernetes, and Terraform』(Manning, 2021)、Lisa Crispin、Janet Gregory、『実践アジャイルテスト：テスターとアジャイルチームのための実践ガイド』(翔泳社)、Martin Fowler『TestPyramid』(MartinFowler.com, May 1, 2012, https://oreil.ly/9o1DV)

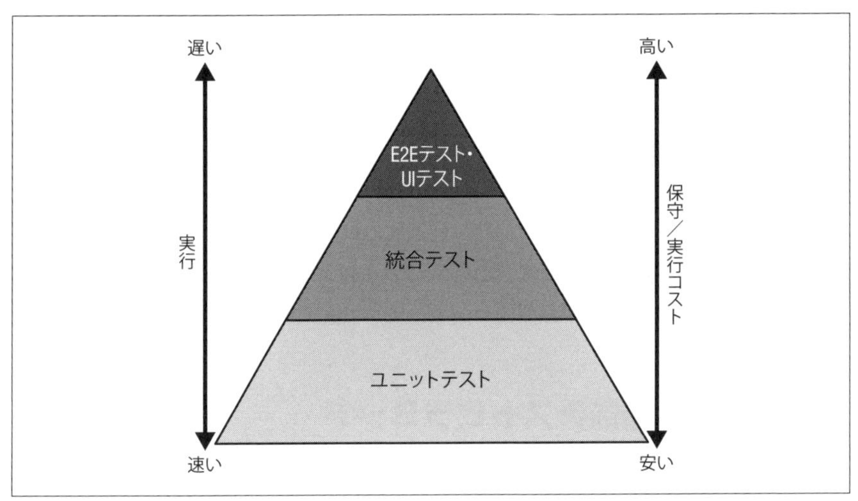


図2-2 テストピラミッド

問題がエンドユーザーの前にどのような形で現れるか）を導くのは、多くの場合、容易ではありません。

**中間層**

中間層は、サービステストや統合テストから構成されます（コンポーネントテストやAPIテストも、ここに置かれることがあります）。

**最上層**

最上層にはエンドツーエンド（E2E）テストがあります。E2Eテストは、多くの場合、アプリケーションのユーザーインターフェイス（UI）層を通して直接実行されます。これらのテストが失敗した場合、実際のユースケースにどのような悪影響が及ぶかは容易に想像がつきます。しかし、このレベルでは多くのコンポーネントが連携して動作しているため、エラーの原因となっているコンポーネントを突き止めるのは難しいかもしれません。

ピラミッドの最下層にあるテストは通常、実行が速く、保守が簡単で安価です。ピラミッドを上に登るほど、テストの実行は遅くなり、保守にコストがかかります。したがって、システムが期待通りに動作しているという安心が最大限得られる保守可能なテストセットを実現するには、3つの層にわたるテストの数をバランスよく調整することが極めて重要になります。

もちろん、これはテストと自動化の労力をどこに割くべきかを決定するためのモデルですが、この理想化されたモデルが常に正しいわけではありません。例えば、中間層で多くの統合テストを使用する必要があるかもしれませんし、ユーザーインターフェイスを持たない別のシステムでは、最上層にテストがないかもしれません。

このピラミッド構造を適応度関数の区分にどう適応させるかを見る前に、適応度関数の定義に役立ついくつかの分類について、簡単に説明していきましょう。

## 2.4 適応度関数テストピラミッド

**適応度関数テストピラミッド**の概念は、機能テストピラミッドの概念と密接に関連しています。私は、アーキテクチャテストで釣り合いの取れたポートフォリオを作成するために、この主要な概念を適応度関数とアーキテクチャメトリクスに適応させました（釣り合いの取れたポートフォリオを作成するという考え方は、アーキテクチャ検証でも同様に重要です）。

統計学者のGeorge Boxはかつて「すべてのモデルは間違っている」[†7]と記した後で、「それでもいくつかは有用である」とも付け加えています。

機能テストピラミッドと同様に、適応度関数テストピラミッドでも、容易で安価なテストはピラミッドの底辺に置かれ、それよりも高度なテストは中間に置かれ、そして実世界に即した「最良」のフィードバックを提供するであろう最も複雑なテストはピラミッドの頂点に置かれます。

適応度関数は、前節で紹介した複数の区分にまたがって作成されます。有用な適応度関数を記述する際にはすべての必須区分を必要とするものの、適応度関数テストピラミッドのレイヤー分けに関連する区分は数えるほどしかありません。適応度関数テストピラミッドの使い所は、提供する信頼性と実行時間や保守コストとのバランスを保つ（主に自動化された）アーキテクチャテストの集合を作成するところにあります。

適応度関数テストピラミッドのレイヤー分けで私が考慮するのは、実行速度（速い

†7 George E. P. Box, “Science and Statistics,” Journal of the American Statistical Association 71, no. 356 (December 1976): 791–799.

か遅いか）のみです。したがって、適応度関数とそれを実装したアーキテクチャテストのレイヤー分けに最も関連する区分は、フィードバックの幅（アトミックかホリスティックか）とテスト実行のトリガーの２つになります[†8]。これを**図2-3**に示します。

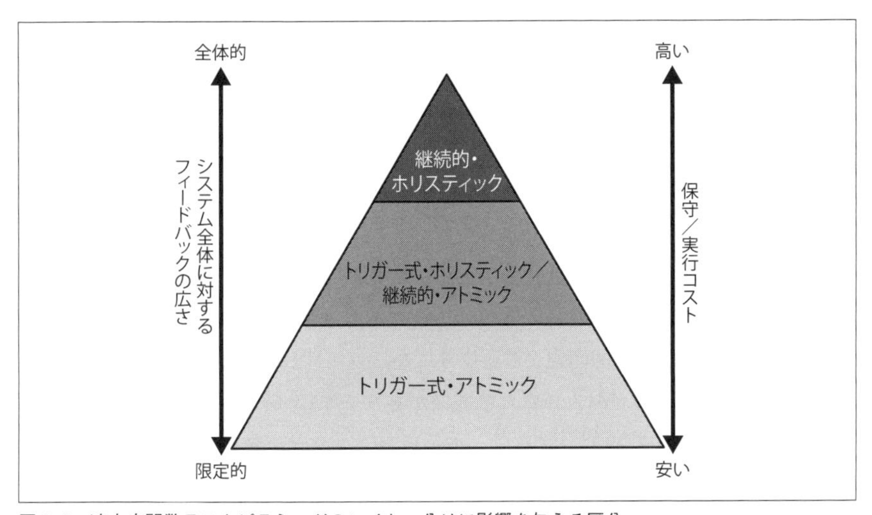


図2-3　適応度関数テストピラミッドのレイヤー分けに影響を与える区分

**ホリスティック**なフィードバックを得る適応度関数を**継続的**にテストし検証するのは、非常に困難です。そのため、継続的かつホリスティックな適応度関数は、ピラミッドの最上層に置かれます。適応度関数テストピラミッドのレイヤー分けは、こうした区分の相互作用によって決定されます。

### 2.4.1 最上層

最上層の適応度関数はホリスティックなもので、システムの健全性とエンドユーザー向けの機能性について最も洗練されたフィードバックを与えます。したがって、

†8 『進化的アーキテクチャ』の著者らは、これら２つの区分を自然な「マッシュアップ」と呼んでいます。というのも、実世界の適応度関数、メトリクス、テストの定義において、この２つは密接に関連しているからです。他の区分がレイヤー分けに影響を与えることも考えられますが、それは特定のユースケースに大きく依存します。

これらのメトリクスと検証は、実際のユースケースに最も近いものとなります。

とはいえ、これらの適応度関数は通常、開発と保守が最も難しく、コストがかかります。また、多くのコンポーネントが関与し、システムの広い範囲をテストするため、状況によっては非決定的な振る舞いをする可能性も高くなります。これらの適応度関数では、システム全体に対するホリスティックなフィードバックを積極的に目指しつつ、切り分けが難しい予期せぬエラーにも対応しなければなりません。

まとめると、最上層に置かれる適応度関数は開発と保守が複雑であり、そこで見つかった問題の根本原因を追跡するのが困難な場合があります。そのため、費用対効果を最大化する試みとして、少数の「良い」適応度関数だけを選びます。

最上層に置かれるホリスティックな適応度関数の一例を示します。例えば、オンラインショップであれば、1分あたりの購買率、1分あたりの売上、1分あたりのログイン数などの主要な指標の常時計測が考えられます。適応度関数では、これらの数値が目標とされる範囲内に収まるかどうかをテストします。範囲から外れた場合には、対処すべき根本的な技術的問題が浮き彫りになる可能性があります（あるいは最新のデプロイによって問題が混入された可能性があります）。最上層には、カオスエンジニアリングも含まれます[†9]。これは、本番環境でエラーを発生させることでシステムのレジリエンス（回復性）をテストし、エンドユーザーに対するシステムのホリスティックな健全性と即応性を測るプラクティスです。

## 2.4.2 中間層

**図2-3**で示したように、中間層は、トリガー式のホリスティックな適応度関数か継続的でアトミックな適応度関数から構成されます。これらの適応度関数は、システム全体の健全性に関する広範なフィードバックを与えますが、常に実行されるわけではなく、専用の開発アクションによってトリガーされます。

トリガー式のホリスティックなメトリクスは、統合テストビルドの一部として、あるいは自動デプロイパイプライン内のテストシステムやステージを利用して、テストされ、実行され、評価できます。複数のテストケースを使用する統合テストの実行は、システムの一部やサードパーティシステムの障害をシミュレートすることで、シ

†9 カオスエンジニアリングについては、“Principles of Chaos Engineering”（https://principlesofchaos.org）やNetflixのChaos Monkey（https://oreil.ly/4i0Z1）を参照。

ステム全体のパフォーマンス、トランザクションの挙動、あるいはレジリエンスに関する確かなフィードバックも提供できます。適応度関数の**例2-3**、**例2-4**は、中間層の適応度関数と考えられます。

本番システムで継続的に評価される、シンプルでアトミックな適応度関数もこの層に属します。例えば、トランザクションの継続時間やエンドユーザーのパフォーマンス（Webアプリケーションのブラウザのロード時間など）のようなアトミックな値のライブモニタリングと計測などです。

### 2.4.3　最下層

適応度関数テストピラミッドの最下層は、トリガー式のアトミックな適応度関数から構成されます。トリガー式のアトミックな適応度関数は、一般に実装と実行が容易で安価なため、多くの場合、CI/CDパイプラインに既に統合されており、有用なメトリクスを定義するための基礎となります。トリガー式のアトミックな適応度関数には、コードカバレッジのメトリクスや循環的複雑度のような静的コード解析、単純なパフォーマンステストなどが含まれます。

最下層に幅広い基盤を構築し、その上の層に対してはバランスの取れたアプローチを用いるのが私のお勧めです。最上層のテスト（あるいは中間層のテストでさえも）を作成せずに適応度関数を取り入れることは可能です。継続的でホリスティックな適応度関数が多く、トリガー式のアトミックな適応度関数が少ない状況では、場合によってはピラミッドを逆さまにする必要があるかもしれません。こうした判断は、常にコンテキストと目標に大きく依存します。ですが、基本的には、最もテストが多い最下層から上の層へとテストの数が少なくなっていくピラミッドの形状を目標とすると良いでしょう。

とはいえ、最下層にどれくらいの数のテストを置くかという点については、テストピラミッドのアイデアをそのまま適応度関数テストピラミッドには適用できません。テストピラミッドの最下層では、ユニットテストが適切な粒度であるテストについて、普通は誰もその数を制限しようとは考えません。一方、適応度関数テストピラミッドの最下層に関しては、テストの数を無制限に多くすることは推奨しません。なぜなら、それらすべてが追加のオーバーヘッドを生むためです。

## 2.5　適応度関数例の評価

ここまで、適応度関数のさまざまな捉え方を見てきました。では、具体的なイメージを持てるように、前述の適応度関数例のうちの2つに対し、適応度関数の各区分を評価してみましょう。

**例2-1**では、ユニットテストのカバレッジをテストする適応度関数の最初のバージョンを定義しました。

この適応度関数を区分ごとに評価した結果を次に示します。

- フィードバックの幅：アトミック
  - ユニットテストのカバレッジは、システム全体の機能については限られたフィードバックしか提供しません。
- テスト実行のトリガー：トリガー式
- 実行場所：CI/CD
  - ソースコード管理システムへのプッシュごとに実行がトリガーされ、ユニットテストを実行することでカバレッジを計測します。
- メトリクス値の種類：特定の値（> 90%）
- 自動化：自動
  - 適応度関数は自動的に評価されます。
- 品質特性要件：保守性
  - この適応度関数の目的は、システムを一定のレベルで保守可能な状態に保つことです。テストカバレッジが良好であることを、システムが保守（適応、変更、改善）しやすいことの指標として扱います。
- 静的か動的か：静的

**例2-2**（統合テストのカバレッジ）の分類も同様です。この適応度関数はピラミッドの最下層に位置します。

**例2-3**で定義したのは、ネットワークレイテンシーを前提として特定の機能性をテストするための、適応度関数の最初のバージョンです。

**例2-3**を区分ごとに評価した結果を次に示します。

- フィードバックの幅：アトミックまたはホリスティック

  - この適応度関数をホリスティックに区分するかは、主に実行されるテストやサードパーティシステムが自分たちのシステムにとってどれくらい重要かに依存します。
    サードパーティのシステムが私たちのシステムの多くのユースケースで使用されている場合には、この適応度関数はホリスティックに区分できます。そうでない場合には、私ならこれはアトミックな適応度関数に区分します。
- テスト実行のトリガー：トリガー式
- 実行場所：CI/CD とテスト環境
  - CI ワークフロー内で毎晩実行され、テスト環境で自動的に評価されます。
- メトリクス値の種類：真偽値（すべてのテストがパスするかどうか）
  - 興味があるのはテストの成功率ですが、すべてのテストに合格する必要があるため真か偽で評価します。
- 自動化：自動
  - 適応度関数は毎晩実行され、自動的に評価されます。
- 品質特性要件：信頼性
  - この適応度関数の目標は、サードパーティからのレスポンスが遅い場合でも、システムの信頼性を保つことです。
- 静的か動的か：静的

**例2-4** を区分ごとに評価した結果は、次のようになります。

**フィードバックの幅（アトミックまたはホリスティック）：どちらでもよい**

この適応度関数がアトミックとホリスティックのどちらに分類されるかは、主に実行されるテスト、システムにとってのサードパーティシステムの重要性、システムの全体的な性能に依存します。サードパーティシステムを複数のユースケースで使用している場合は、システム全体のパフォーマンスに影響するため、ホリスティックな適応度関数に分類されます。

**テスト実行のトリガーと実行場所：トリガー式、CI/CD とテスト環境**

テストは CI ワークフロー内で毎晩実行され、テスト環境で自動的に評価されます。

**メトリクス値の種類：2 種類**

1つ目のメトリクスは真偽値で、すべてのテストに合格したら真、そうでなければ偽となります。すべてのテストに合格する必要があるということは、テストの成功率に興味があるとも言えますが、結果は真か偽の判断となります。2つ目のメトリクスは、パフォーマンス計測の具体的な値です。この場合は、10分より速いということです。

**自動化：自動**

適応度関数は毎晩実行され、自動的に評価されます。

**品質特性要件：信頼性、パフォーマンス効率**

この適応度関数の目標は、サードパーティのインターフェイスからのレスポンスが遅い場合でも、システムの信頼性を高く保ち、パフォーマンスを適切なレベルに保つことです。

**静的か動的か：静的**

目標値が他の適応度関数の結果に依存しないため、2つのメトリクスは静的に定義されます。

前述したように、私は**例2-3**と**例2-4**を適応度関数テストピラミッドの中間層に分類します。

## 2.6 より複雑な適応度関数例の評価

より複雑な適応度関数の例を**例2-5**と**例2-6**に示します。**例2-5**は適応度関数テストピラミッドの最上層に、**例2-6**は適応度関数テストピラミッドの中間層に分類される適応度関数例となります。

例2-5 適応度関数（オンラインショップ）[†10]

```
日を通じて 1 分あたりの収益を計測する。現在時刻を基に、
1 分あたりの収益が次の表の該当範囲から外れている場合は失敗とする

         時間帯               最低収益（1 分あたり）
01:00 AM - 05:00 AM   €  200
05:01 AM - 07:00 AM   €  400
07:01 AM - 09:00 AM   €  600
09:01 AM - 11:30 AM   €  900
11:31 AM - 01:30 PM   €  1100
01:31 PM - 05:30 PM   €  950
05:31 PM - 07:30 PM   €  1500
07:31 PM - 09:00 PM   €  750
09:01 PM - 00:59 AM   €  300
```

**例2-5**の適応度関数を区分ごとに評価した結果は次のとおりです。

**フィードバックの幅（アトミックまたはホリスティック）：ホリスティック**

この適応度関数ではシステム全体のパフォーマンスを直接計測します。

**テスト実行のトリガーと実行場所：継続的、本番環境**

適応度関数の評価は、本番環境で継続的に行われます。

**メトリクス値の種類：離散値**

収益がメトリクス値になります。この適応度関数では、値が閾値を超えているかどうかを検証します。

**自動化：自動**

適応度関数は自動的に評価されます。

**品質特性要件：複数**

信頼性、パフォーマンス効率、ユーザビリティなど。システム全体を計測するため、例ではいくつかの品質特性を直接検証します。

**静的または動的：動的**

この適応度関数はピラミッドの最上層になります。

†10 この適応度関数では、非常に単純化した表を記載しています。現実には、時間と予想される収益との間にもっと細かく構造化された、またはもっと複雑な関連が存在します。

例2-6 適応度関数（オンラインショップの信頼性）[†11]

> 新しいリリースを本番システムにデプロイする（夜中の午前1時）。
> リリースがロールアウトされる間、5つの主要なエンドユーザーのユースケース
> （ログイン、商品をカートに入れる、カートから商品を取り除く、カートを見る、チェックアウト）
> を含むリグレッションテストセットを常に実行する。
> システムはすべてのアクションを実行し、100ms 以内に応答すること。
> テストケースが失敗したら失敗；
> システムがアクションを完了せず、100ms 未満で応答しない場合は失敗とする。

**例2-6**の適応度関数を区分ごとに評価した結果は次のとおりです。

**フィードバックの幅（アトミックまたはホリスティック）：ホリスティック**

この適応度関数では、すべてのオンラインノードではなく、デプロイ中のシステム全体を直接計測します。

**テスト実行のトリガーと実行場所：トリガー式、本番環境**

適応度関数の評価は、本番環境にて定期的（夜中の午前1時）に実行されます。

**メトリクス値の種類：2種類**

最初のタイプは離散値（パフォーマンス）で、値が閾値を超えた場合に検証を行います。

2つ目の値は、デプロイ時にシステムが利用可能で、テストが失敗しないことを示すバイナリの値です。

**自動化：自動**

適応度関数は自動的に評価されます。

**品質特性要件：複数**

信頼性とパフォーマンス効率を含みます。

**静的または動的：静的**

この適応度関数はピラミッドの最上層に位置します。

---

†11 この適応度関数は、ローリングアップデートが実行されている間にシステムが稼働していることを検証する信頼性テストです。このテストは、デプロイ中にシステムがダウンタイムゼロを提供することを検証します。さらに、あらゆる理由でノードがダウンしていても、システム全体が応答し、期待通りに動作することを示す場合があります。

例からも分かるように、実際の適応度関数は、常にはっきりと分類できるわけではありません。ですが、はっきりと分類することが、区分を定義する目的ではありません。区分は、何よりもまず、適応度関数とそのメトリクスの重要な観点を考えるためのカタログとして使用されるべきです。2つ目の目的は、現在カバーされていない領域をソフトウェアアーキテクトが特定するのを支援し、追加の労力をかけるべきかを決定するのを助けることです。

## 2.7 適応度関数とメトリクスを開発する

次に、初期の適応度関数群を開発し、その後に継続的かつ反復的な取り組みを続けていく、私なりのやり方を紹介します。私にとって、ソフトウェアアーキテクチャ作業に関連するすべての活動の主な出発点は、システムの品質目標です。これは、システムの適応度関数とメトリクスに取り組むときに私が推奨するスタート地点でもあります。

もし、システムのステークホルダーと主な品質目標について足並みが揃っていないなら、取り組みを始める良い機会です。まず、関連する品質目標を収集し、システムのすべてのステークホルダーが合意する品質目標の共有ビジョンを作成することから始めましょう。

『進化的アーキテクチャ』で、著者らは、「チームは、自分たちの設計がサポートしなければならないアーキテクチャ全体に関わる関心事を理解する最初の一手として、適応度関数を特定すべき」と述べています†12。この考えには基本的に賛成ですが、最初からすべての適応度関数を特定するのは困難です。ですから、まずは小さく簡単に始めて、システムを実装しながら学んでいくことのがお勧めです。そこから得た学びに基づいて、必要に応じて適応度関数やメトリクスを改善、変更、追加していきましょう。最初に手をつけるのは、ピラミッドの最下層に位置するテストからです。

次に示すプロセスは、スクラムのようなイテレーティブな開発プロセスに完全に統合されています。このプロセスに従えば、初めて適応度関数を定義し、アーキテクチャテストを実装していく際に役立つかもしれません。

†12 『進化的アーキテクチャ』の「2章 適応度関数」より。

1. 主要なステークホルダーと協力して、最も重要な品質特性を特定し、アーキテクチャ上の目標を設定し、それを文書化します。
   目標から始めることで、システムに付加価値を与えない適応度関数や自動テストを作成するという落とし穴を避けられます。主要な品質目標を対象としない価値の低いテストばかりを、簡単だからという理由だけで自動化している人をよく見かけます。主要なアーキテクチャ目標にフォーカスすることで、目的意識がもたらされます。
2. 適応度関数とその対象メトリクスのドラフトを作成します。
   自分たちにとって重要な区分を考えたら、それをチーム全体で共有します（バックログを使うこともできます）。関連が予想される区分を文書化しましょう。
   なぜドラフトを共有するのでしょうか？ 適切な適応度関数を定義し、目標とするメトリクスを生成する自動テストを作成するのは、それなりに大変な作業です。ドラフトがチーム全体で共有されていれば、実装する準備が整うまでアイデアを集められます。
   各適応度関数のドラフトに関する区分を文書化しておくことは、後で、これまでカバーしてこなかったシステムの関連する品質目標のような新しい分野の適応度関数を選択したり、別のレイヤーのテストを追加してテストポートフォリオのバランスを取ったりするのにも役立ちます。
3. 現時点において、重要で、役に立ち、テストが可能な適応度関数を、優先順位をつけて選択します。
   ピラミッドのレイヤーだけでなく、いくつかのテストでカバーされていない領域や次元も考慮してください。アーキテクチャテストとメトリクスのバランスの取れたポートフォリオを既に持っているでしょうか。このプロセスを初めて行う場合は、ピラミッドの一番下の簡単なものから始めてください。
4. 選択した適応度関数の中で定義が未完成のものを定義します。
   ここで行った定義と、ピラミッドのどのレイヤーに含まれるかの情報を保持しておきましょう。そうしておくことで、次のイテレーションの際に、カバーしている領域を把握しやすくなります。
5. メトリクスを生成する自動テストを開発します。
   理想的には、これらのテストは頻繁に検証できるよう自動化します。適応度関数の内容にもよりますが、通常は、テストの中で対象メトリクスの検証までを行います。一部の特殊なメトリクスについては、手動で作成と検証を行わなくてはならないかもしれませんが、基本は自動化することを強く推奨します。

6. **結果を視覚化します。**

   ダッシュボードやその他の可視化ツールを使って、チーム全体と結果を共有します。必要に応じて、関係するステークホルダーとも、この結果を共有します。

7. **必要に応じてイテレーションを回します。**

   テストのアウトプットが信頼できなかったり、ある種のメトリクスが役に立たなくなったり、メンテナンスの手間がかかりすぎたりするかもしれません。十分な価値を提供しないテストや適応度関数を廃止します。例えば、システムを改善するために既存のメトリクスをより厳しくしたり、システム全体の目標とメトリクスとの関連性が薄い場合にはゆるくしたりできます。

## 2.8 結論

場当たり的にしかシステムをテストしていないと、パフォーマンス、セキュリティ、修正性のような関連領域全般にわたる品質を維持するのは難しいでしょう。それを防ぐには、比較的容易に構築でき、必要に応じて開発や拡張が可能な、堅実なアーキテクチャテストの基盤から始めなくてはなりません。システムに合ったメトリクスを適応度関数を用いて作成すれば、要求に合わせてソフトウェアシステムを変えていけます。そして、この章で紹介したプロセスに従えば、不要なオーバーヘッドを削減を削減できます。適応度関数テストピラミッドは、テストを分類し、バランスよく労力を分散できるようにする新たな視点を提供します。メトリクスは最終的な目標です。それらは、ソフトウェアシステムの一致した目標にチームが集中し続けるための偏りのない尺度なのです。

# 3章
# 進化的アーキテクチャ：テスト容易性とデプロイ可能性でアーキテクチャを導く

Dave Farley

ソフトウェアアーキテクチャとは大切なもの、そして儚いものです。システムのスケーラビリティ、パフォーマンス、レジリエンスといった、システムの重要な特性を決定するものという意味でソフトウェアアーキテクチャは大切であり、その判断が曖昧で主観的なものであることが多いという点でソフトウェアアーキテクチャとは儚いものです。

アーキテクチャの説明や文書は、私たちがアーキテクトとして構築するシステムにおける観光マップのように機能します。それらは、変更される可能性の高いシステムの詳細を細かく語りすぎることなしに、全体を把握可能にします。ユーザーや顧客のニーズや要求について深く学ぶことで、私たちはどのアーキテクチャ特性をどの程度サポートしなければならないかを見定めていけます。

ソフトウェアアーキテクチャに関わる仕事をしていると、次のような疑問を持つことがあるかもしれません。「最初はシンプルなシステムで始めたとして、需要が急激に伸びたときにどう対処すればよいのだろうか？」「需要が伸びない場合はどうすればよいのだろうか？」「パフォーマンス、セキュリティ、アップタイムに対する要求が高まってきているときに、どのように対処すればよいのか？」「新しい需要や不測の事態に対応できるように、進化しやすい状態にシステムを維持するにはどうすればよいか？」「予期せぬ変化を可能にしつつ、過度な未来対策で開発プロセスを阻害しないようにするにはどうすればよいか？」。

本章では、その答えは防御的なアプローチにあると主張します。ソフトウェアアーキテクトは、作るシステムの複雑さを管理する手法を設計し、学ぶ必要があります。

## 3.1　学習と発見の重要性

複雑なシステムが、設計者の頭の中だけで完全に形成されることは決してありません。複雑なシステムは、漸進的な進歩と学習のプロセスの結果、作り上げられるものです。ソフトウェア開発とは、常に学習と発見の実習なのです。もしあなたが良い仕事をしたいのであれば、システムの使われ方と将来的な進化を頭の中だけで決めようとしないでください。

私たちが現実の世界で構築するシステムは、開発者、ユーザー、顧客、さらには環境や組織のコンテキストを包含する複雑な適応システムの一部です。この現実は、常に変わり続ける「何をどのように行うか」という認知にソフトウェアを適応させるため、アーキテクチャとデザインをよりダイナミックかつ有機的に行うアプローチを求めます。

すべての答えが出揃っていない状態でも、アーキテクトは仕事を始めなくてはなりません。また、学習に基づく変更を行っていく能力を保護、維持していく必要もあります。そのためには、あなたは選択肢を常に広く持っておく必要があります。

## 3.2　持続可能な変化を実現するためのツール

どのようなアーキテクチャを選択すれば、選択肢を広く持っておけるのでしょう。ソフトウェア設計には、持続可能で進化的なアプローチを実現するのに役立つ5つの性質があります。次にそれを示します。

**モジュール性**

独立して変更できる要素にシステムを分割すること。

**凝集性**

同時に変更するコードをまとめておくこと。

**関心事の分離**

一つの問題を解決する要素単位に、コードやシステムを分割すること。

**抽象化・情報隠蔽**

システムに「継ぎ目」を作ることで、詳細を知ることなく機能を利用できるようにすること。

**結合度**

システム要素間における同時に変更する必要がある度合い。

これらは、ソフトウェア設計に限らず、情報全般を持続可能かつ進化可能にするのに役立つ性質です。これらの性質は、システムがどのように機能するのかや用いる技術の性質については何も述べていません。

システムが何をし、どのような技術を採用しているにせよ、それがモジュールとしてまとまりがあり、効果的に関心事を分離し、システム要素を区別するために優れた抽象化を使用し、システムの異なる要素間の結合を適切に管理しているのであれば、これらの性質のスコアが高くない類似のシステムよりも、作業しやすく、変更が容易で、理解しやすく、テストしやすいものになるでしょう。

この進化的なアプローチに従って設計やアーキテクチャを作り上げていけば、より多くを学んでいく中で得た新しい学びにシステムを適応させるのが容易になります。

例えば、システムがリレーショナルデータベースよりもグラフデータベースを使う方が効率的だと分かったとしたら？　ドメインロジックのコアと、その結果を永続化する問題を分離することを早い段階で選択していたなら、この変更はより容易になるでしょう。そのようなシステムは、関心事がうまく分離されていて、より良いモジュール性と凝集性があり、適切に抽象化されているはずです。リレーショナルデータベースをバックエンドとしたリポジトリからグラフデータベースをバックエンドにしたリポジトリへと、比較的容易に置き換えられることを想像できるはずです。しかし、コアドメインと永続化が渾然一体となっている場合には、そうした切り替えを考えることさえ、非常に難しくなります。

## 3.3　テスト容易性：高品質なシステムを構築する

これら5つの品質に関する特性を、どのようにシステムに組み込めばよいのでしょうか。お決まりの答えは、「場合による」です。それは、コードを作り出すチームや個人の、特にスキルや経験、コミットメントに依存します。

関与する人々がスキルを欠いている場合、どんなに努力しても質の高い結果は生み出せません。たとえ問題の一部には熟練していたとしても、経験が不足している場合には、抽象化の漏れや、複雑なシステムの開発を危うくするさまざまな種類の結合のような、一部の考え方やより微妙な側面を見逃してしまう可能性があります。最善を尽くすための十分な動機付けが関係者にない場合には、どんなにスキルや経験があっても、結果はお粗末なものになってしまう可能性があります。

しかし、それだけではありません。ソフトウェア開発に関与する人々は、ソフトウェアが機能しているかを判断できる必要があります。それは、システムが期待通りに動作しているかを検証するためにテストすることを意味します。さらに重要なのは、システムを安全かつ自信を持って変更する自由が必要だということです。もし、ソフトウェアを開発しているのに、それをテストしていないのであれば、一旦キーボードから離れ、考え直してみるべきでしょう。「書きっぱなしの開発」は、取るに足らない使い捨てコード以上の質の高い結果を決して生み出しません。

もし、あなたがテストを必要とするなら、唯一の議論は「手動か自動か」だけです。手動テストは時間がかかり、効率が悪く、コストがかかり、信頼性があまりありません。一方、自動テストは圧倒的に効率的で、より高い品質につながる傾向があります。では、どのようにしてコードのテストを可能な限り簡単にできるでしょうか？コードを**テストしやすくする**要素とは何でしょうか？

あるシステムで何かをテストする際には、そのテストに関連するシステム要素にアクセスできる必要があります。そして、その要素は、明確に定義され、評価を受ける準備が整っている必要があります。テストでは、システムの何らかの振る舞いを呼び出し、システムの応答をキャプチャし、それを評価し、あなたの期待に沿っているかどうかを評価します。

では、システムのどのような特性がこれを容易にするのでしょうか。システムの動作だけに集中できれば最高です。モジュール化されているシステムは、そうでないシステムよりもテストしやすいでしょう。

望ましいのは、システムの動作と目の前のモジュールに集中し、テストのセットアップが容易であることです。テスト対象のモジュールの凝集度が低く、他のモジュールと密に結合している場合には、それが難しくなります。高凝集で疎結合なソフトウェアは、テストも容易になります。

システムを正確な状態とするには、変数を制御し、評価コンテキストにおける複雑さを制限する必要があります。関心事がうまく分離できていれば、入り組んだ振る舞いの集合ではなく、関心のある振る舞いだけにフォーカスすることを可能にします。

最後に、テストがテスト対象のコードからある程度切り離されていれば、テストの変更を強制することなくコードを変更できます。つまり、うまく抽象化され、実装の詳細がテストから隠されているコードが、最もテストしやすいということです。そうしたコードは、テストの設計も容易にします。なぜなら、設計によって現れた抽象の境界が、テストの範囲と複雑さを制限するテストの境界を形成するからです。

つまり、テストを容易にするコード特性は、私たちが作業しやすく変更容易なコードを書く際に重視する特性と同じなのです。なんと興味深いことでしょう。

テスト可能なコードを設計する際の最も簡単で最良の方法は、テストをコードの設計指針にすることです。テスト容易性を貴重なアーキテクチャ特性として扱い、開発・設計プロセスにテストを組み込み、システムが常にテスト可能であることを保てば、設計の質を向上できるでしょう。

テスト容易性のための設計は、開発者の才能を増幅させ、開発者のスキル、経験、コミットメントだけに頼るよりもはるかに優れた、5つの特性を体現するシステムを実現します。

要するに、テスト容易性を重視した構築は、時間の経過とともに、必要に応じてシステムを修正する自由を与えてくれるのです。

## 3.4 デプロイ可能性：システムの開発をスケーリングする

テスト容易性は、より効果的なエンジニアリングプロセスを推進し、より優れたアーキテクチャを備えたシステムを生み出すための性質です。テスト容易性はさまざまなレベルで機能する性質ですが、よりシステムレベルで機能する性質もあります。それが**デプロイ可能性**です。

私が最も深く関わっているソフトウェア開発のアプローチは、**継続的デリバリー**と呼ばれるものです。継続的デリバリーでは、ソフトウェアが常にリリース可能な状態にあることを保証するために最善を尽くします。ソフトウェアが常にリリース可能かは、**デプロイメントパイプライン**と呼ばれる仕組みによって決定されます。デプロイメントパイプラインは、リリースプロセスの大部分を自動化し、システムのリリース可能性についての決定的な評価を提供します。デプロイメントパイプラインがすべての評価に合格したなら、そのソフトウェアは定義上、リリース可能です。そして、ソフトウェアのリリース可能性を決定するすべての要素は、デプロイメントパイプラインの評価範囲内にあります。

デプロイメントパイプラインがリリース可能性を決定するのなら、デプロイメントパイプラインが実現するのは「コミットからリリース可能な結果まで」でなくてはなりません。リリース候補がパイプラインを正常に通過したなら、それはリリース条件を満たしていることを指し、**それ以上の作業は必要ありません**。パイプラインが終了したとしても、そのコンポーネントやサブシステムを他の部品と一緒にもっと幅広くテストする必要があるなら、そのパイプラインは「リリース可能性」を決定していないことになります。

高品質を達成するには、システムの決定的な評価が必要です。それは、成功すれば本番に導入されるであろう変更を厳密に評価することを意味します。加えて、評価の信頼性を高めるには、その**決定性**を高める必要があります。ですから、あなたが目指すところは、本番環境に導入されるコードを厳密に評価し、できる限り完璧にその挙動を確認することです。それができれば、あるバージョンのコードに対するテストは、何度実行しても同じ結果を生み出すはずです。

つまり、デプロイメントパイプラインのスコープとして意味をなすものには、一定の制限があるいうことです。**デプロイメントパイプラインの正しいスコープは、常に独立してデプロイ可能なソフトウェアの単位です**。これは、個々のマイクロサービスかもしれないし、エンタープライズシステム全体かもしれません。いずれにしても、デプロイ可能性が唯一の決定的な評価範囲です。

## 3.5 結論

開発者がソフトウェアアーキテクチャについて考えるときには、セキュリティ、スケーラビリティ、レジリエンスといった、システムの何かしら重要な特性について考えがちです。しかし、最終的には、これらの特性がそれぞれどの程度重要であるかは、システムとその開発者が目的としているビジネスと、システム全体の成熟度に応じて決定されます。

スケーラビリティとレジリエンスをすごく重視していても、3人のユーザーしか獲得できなかったとしたら、その作業はすべて無駄な努力だったということになります。一般利用を考慮してセキュリティに重点を置いていても、そのソフトウェアが社内のイントラネットの壁を越えて使用されることがなければ、その努力もまた無駄です。発生するかどうか分からない将来のニーズを満たすために、システム設計を過剰に強化するのは、総じて無駄な努力となります。

対照的に、問題解決にエンジニアリング主導のアプローチを採用し、アーキテクチャと設計に進化的アプローチを採用すれば、より早く開発を開始でき、目の前のニーズを満たすためにシステムをよりよく適応できます。これは、はるかに優れた戦略です。

テスト容易性とデプロイ可能性を第一に考えて仕事を行えていれば、システムが進化したとしても、選択肢を残しておけます。システムがモジュール化され、抽象化され、理解しやすくメンテナンスしやすい内部構造を持っていれば、セキュリティの強化が必要になったときに、それを追加するのが容易になります。コードにより多くのレジリエンスが求められるときは、カオステストを行うことで、どうすればレジリエンスを高められるかを確認できます。

より技術的なレベルでは、より良いテスト容易性とデプロイ可能性の追求が、本質的な複雑さと偶発的な複雑さをより効果的に分離するシステムの設計を後押しします(特にテスト容易性の追求が、まずは重要です)。その結果、アーキテクチャレベルの根本的な変更に対しても、システムはより柔軟に対応できるようになります。このアプローチにより、高品質で革新的なソフトウェアアーキテクチャを作成する能力が高まるのです。

# 4章
# モジュール性成熟度指数でアーキテクチャを改善する

Dr. Carola Lilienthal

過去 20 年間、多くの時間と費用が Java、C#、PHP といった最新のプログラミング言語で実装されたソフトウェアシステムに費やされてきました。そうした開発プロジェクトの多くは、機能の迅速な実装に焦点が当てられ、ソフトウェアアーキテクチャの品質には焦点が当てられていませんでした。それは、技術的負債の増加を招きました。つまり、不必要に複雑化し、メンテナンスに余計なコストがかかるコードが、時間の経過とともにどんどん蓄積されていきました。今日、これらのシステムはレガシーシステムと呼ばれています。保守や拡張に費用がかかり、面倒で、不安定であるからです。

この章では、モジュール性成熟度指数（Modularity Maturity Index：MMI）を用いて、ソフトウェアシステムの技術的負債の量を計測する方法について説明します。コードベースまたはシステム全体のさまざまなアプリケーションの MMI は、リファクタリングが必要なシステムや交換すべきシステム、心配の要らないシステムを、経営陣やチームが見極める際のガイドとなります。MMI のゴールは、解決すべき技術的負債を見つけ、アーキテクチャを持続可能なものにし、メンテナンスのコストを削減することにあります。

## 4.1　技術的負債

**技術的負債**という用語は、1992 年に Ward Cunningham によって作られました。

技術的負債は次のように定義されています。「技術的負債は、意識的または無意識的に間違った、あるいは最適とは言えない技術的な判断がなされたときに発生する。このような間違った、あるいは最適でない判断は、後の時点で追加作業を引き起こし、保守や拡張のコストを高くする」[†1]。適切でない判断をした時点で、技術的負債は蓄積され始めます。そして、債務超過に陥りたくないのであれば、その負債は利子をつけて返済する必要があります。

この節では、アーキテクチャレビューを通じて発見できる技術的負債を中心に、2つのタイプの技術的負債を説明します。

**実装上の負債**

ソースコードには、長いメソッドや空のキャッチブロックなど、いわゆるコードの「不吉な臭い」が含まれています。実装上の負債は、現在ではさまざまなツールを使って、ほぼ自動化された方法でソースコードから検出が可能です。どの開発チームも、余分な予算を必要とせずに、日常業務の中でこの負債を徐々に返済していくべきです。

**設計とアーキテクチャの負債**

クラス、パッケージ、サブシステム、レイヤー、モジュールの設計や、それらの間の依存関係が、一貫性がなく複雑で、計画していたアーキテクチャと整合していない。このような負債は、単に数を数えたり計測したりするだけでは判断できず、広範なアーキテクチャのレビューが必要となります。このレビューについては「4.3 MMIによる評価」で説明します。

ソフトウェアプロジェクトの負債とみなせるその他の問題領域、例えば、ドキュメントの欠落、テストカバレッジの低さ、ユーザビリティの低さ、ハードウェアの不備などは、技術的負債に分類されないため、ここでは割愛します。

†1 Ward Cunningham, “The WyCash Portfolio Management System: Experience Report,” OOPSLA ’92, Vancouver, BC, 1992.

## 4.2 技術的負債の発生

ここからは、技術的負債の発生と影響について見ていきます。最初の開発の中で高品質なアーキテクチャが設計されたなら、運用開始時点のソフトウェアシステムは保守が容易な状態であると仮定できます。この段階では、**図4-1**を見ると分かるように、技術的負債が少ない「低く安定した保守コスト」の領域にいます。

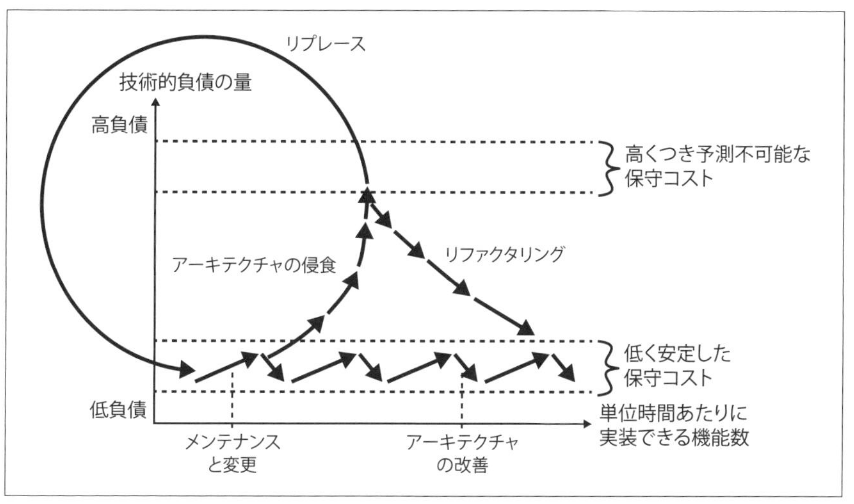


図4-1 技術的負債の発生と影響

しかし、保守や改修の中でシステムをどんどん拡張していくと、必然的に技術的負債が発生します（**図4-1**の上向きの矢印）。ソフトウェア開発は絶え間ない学習プロセスであり、ソリューションが最初から正解であることは稀です。アーキテクチャの修正（下向きの矢印で示すアーキテクチャの改善）は、定期的に行わなければなりません。これには、メンテナンス／変更とアーキテクチャ改善の絶え間ない繰り返しが必要となります。

もしチームが、メンテナンス／変更とアーキテクチャ改善の絶え間ない繰り返しを維持し続けられるのなら、システムは、「低く安定した保守コスト」の領域に留まることが可能です。残念ながら、こうしたアーキテクチャ改善の必要性が多くの決裁者にとって現実のこととして認知されてきたのは、近年になってからのことです。それは、2000年代初頭に始まったほとんどのシステムにとっては遅すぎるタイミングでした。

開発チームが技術的負債を継続的に削減することを許されないとすると、**図4-1**で「低く安定した保守コスト」の領域から離れていく上昇矢印が示すように、時間の経過とともにアーキテクチャの侵食が進行することは避けられません。このプロセスを**アーキテクチャ侵食**と呼びます。いったん技術的負債が積み重なっていくと、ソフトウェアの保守や変更にかかるコストはより高くつき、結果的にエラーはますます理解しにくくなり、すべての変更は骨の折れる作業へとなっていきます。**図4-1**は、矢印が上向きつつ短くなり続けていることで、この緩やかな衰退を明確にしています。負債が増えるにつれて、単位時間当たりに実装できる機能数は少なくなっていきます。

この技術的負債のジレンマから抜け出すには、次の2つの方法があります。

**リファクタリング**

レガシーシステムをリファクタリングすることで、開発スピードと安定性を再び向上させられます。この通常困難な道では、システムを段階的に、「低く安定した保守コスト」の領域に戻さなければならなりません（**図4-1**の「リファクタリング」と書かれた下向きの矢印を参照）。

**リプレース**

あるいは、レガシーシステムを、技術的負債の少ない別のソフトウェアへと置き換えることもできます（**図4-1**の円を参照）。

もちろん、開発当初に有能なチームがいない場合もあるでしょう。その場合には、技術的負債は開発開始直後から継続的に増加していきます。このようなソフトウェアシステムは、言うなれば「劣悪な環境で育った」ソフトウェアシステムです。ソフトウェア開発者も経営者も、そのような状態のシステムからは長期的に利益を享受できません。

技術的負債に対するこのような見方は、ほとんどの決裁者にとって理解でき、納得できるものです。技術的負債を積み重ね、何事にもどうしようもなく途方もないコストがかかるような開発の泥沼に、じわじわとはまり込みたいような人はいません。また、ソフトウェアの耐用年数全体にわたって技術的負債を低く抑えるには、継続的な作業が必要であるという側面も、うまく伝えられます。ほとんどの非IT関係者も、現在ではこの問題をよく理解しています。では、実際にソフトウェアシステムの負債を評価するにはどうすればいいのでしょうか？

## 4.3 MMIによる評価

私と私のチームは、私が書いたアーキテクチャと認知科学に関する博士論文と300以上のアーキテクチャ評価の結果から、さまざまなシステムのアーキテクチャに蓄積された技術的負債を比較するための、統一的な評価スキームを作成しました。私たちは、この評価スキームを「**モジュール性成熟度指数（Modularity Maturity Index：MMI）**」と名付けました。

認知科学によれば、人間の脳は進化の過程で、体制の編成、町や国などの配置、系統関係などのような、複雑な構造を扱うのに役立つ素晴らしいメカニズムを獲得してきました。ソフトウェアシステムも、その大きさと含まれる要素の数から、紛れもなく複雑な構造です。私の博士論文では、人間の脳が複雑さに対処するために用いる3つのメカニズム（チャンキング、階層構築、スキーマ構築）に関して認知心理学から得られた知見を、計算機科学におけるアーキテクチャと設計に関する重要な原則（モジュール性、階層性、パターン一貫性）に結び付けました。この章では、これらの関係性については省略した説明しかできません。内容の詳細、特に認知心理学については、私の博士論文から生まれた拙著『Sustainable Software Architecture』（Rocky Nook）[6]を参照ください。

アーキテクチャと設計に関する重要な原則が優れているのは、人間の脳が複雑な構造を扱う仕組みにうまく適合するという点です。これらの原則に従うアーキテクチャや設計は、統一的で理解しやすいと人々に認識され、その結果、保守や拡張が容易になります。したがって、保守や拡張が迅速かつエラーの少ない状態で実行できるようにするには、これらの原則をソフトウェアシステムに適用する必要があります。目標は、開発チームが変わっても、開発の質とスピードを保ちつつ、長期間にわたってソフトウェアシステムを継続して開発できるようにすることです。

## 4.4 モジュール性

ソフトウェア開発分野での**モジュール性**とは、1970年代にDavid Parnasによって提唱された原則です。Parnasは、モジュールには1つの設計判断（カプセル化）だけを含めるべきであり、この設計判断のためのデータ構造はモジュールの局所性にカプセル化されるべきであると主張しました†2。

現代のプログラミング言語では、モジュールは、クラスやコンポーネント、レイヤーなどのソフトウェアシステムの要素を指します。私たちの脳は、記憶効率を高めるために、さまざまな抽象度でシステムに意味付けをします。このときに重要なのは、私たちの脳がそうした抽象化の恩恵を得られるのは、抽象に含まれる具象が意味のある集合であるときのみということです。偶発的で無関係なものが組み合わされたプログラム要素からは意味を見出せないため、私たちの脳はそれを受け入れられません。したがって、まとまりとして意味を持つプログラム要素からなるモジュラーシステムは、技術的負債が少なく、不必要な複雑さも少なくなります。

ソフトウェアアーキテクチャにおいて、プログラム単位が首尾一貫した意味のある要素を表しているかは、定性的にしか評価できません。この定性的な評価は、次のようなさまざまな計測や検査によって行われます。

**高凝集疎結合**

ソフトウェアシステムの要素には、互いの凝集度が高く外部との結合度が低いという特性を持つサブ要素が含まれるべきです。例えば、モジュールのサブモジュールが他のモジュールと高い結合度を持っていて、その結合度が「姉妹や兄弟」であるサブモジュールよりも高いのなら、モジュール化がうまく行われていません。凝集度とは異なり、結合度は計測が可能です。

**名前**

ソフトウェアシステムの要素がモジュール化されているのなら、あなたは「各要素の仕事が何であるか」という質問に答えられるはずです。ここで重要なのは、プログラム要素の責務が確かにその仕事だけであることです。責任が不明

†2 David Parnas, "On the Criteria to be Used in Decomposing Systems into Modules," Communications of the ACM 15, no.12 (1972): 1053–1058.

確になっている場合のよい手がかりは、要素の名前です。名称が曖昧な場合には、それを調べる必要があります。残念ながら、これは計測不可能です。

**釣り合いの取れた比率**

レイヤー、コンポーネント、パッケージ、クラス、メソッドなど、あるレベルにおけるモジュール化されたプログラム要素は、釣り合いの取れた比率を持つべきです。そのためには、巨大になってしまっているプログラム要素を調べ、それが分解可能かを判断していきます。極端な例を**図4-2**に示します。図の左側には、システムに存在する9つのビルドユニットのサイズを円グラフで示しています。このシステムを担当していたチームが言うには、各ビルドユニットが設計上のシステムモジュールに相当しているとのことでした。円グラフの大部分は、LOCが950,860もある1つのビルドユニットに占められています。他の8つのビルドユニットは合計しても84,808LOCにしかなりません。これは全く釣り合いが取れていません。**図4-2**の右側には、9つのビルドユニットを四角で表し、ビルドユニット間の関係を弧として表す形でシステムのアーキテクチャを表現しています。この関係を見ると、円グラフで最も大きい部分は「モノリス」と呼ばれるビルドユニットで、「サテライトX」と表記している8つの小さなビルドユニットを使用していることが分かります。「モノリス」の四角の色が濃いのに対して、「サテライトX」の色が薄いのは、円グラフと同様に、モノリスにソースコードの大部分が存在することを示しています。このシステムのモジュール性はバランスが良くありません。この指標は計測可能です。

同様の評価をすべてのレベルで行い、システムのモジュール性をチェックできます。MMIの算出への各ポイントの影響は、階層性とパターン一貫性の説明に従います。

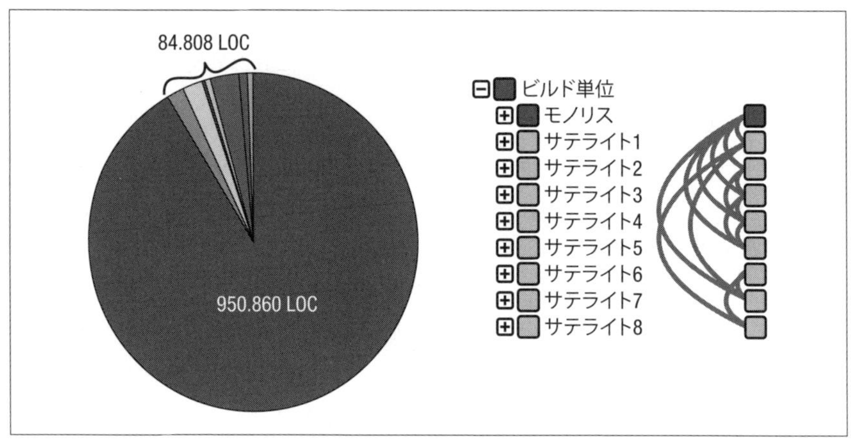


図4-2 極端な比率

## 4.5 階層性

階層構造は、複雑な構造を認知し理解すること、知識を蓄積することにおいて重要な役割を果たします。人々は、知識が階層化されていることで、それをよく吸収、再現、理解できます。プログラミング言語では、**包含関係**により階層の形成が支援されています。例えば、クラスはパッケージ内に存在し、パッケージはさらに上のパッケージ内に存在し、最終的にはプロジェクトやビルド作成物内に存在します。これらの階層構造は、我々の認知メカニズムに適合しています。

**使用関係**[†3]と**継承関係**は、包含関係とは異なり、階層構造を作らない方法で使用できます。ソースコードベース内の任意のクラスやインターフェイスを、使用関係や継承関係を用いて接続できます。このような方法によって、私たちは階層構造ではない絡み合った構造を作り出してしまいます。そうした構造を、私たちの分野では、クラス循環、パッケージ循環、モジュール循環、アーキテクチャのレイヤー間の上向きの関係（レイヤードアーキテクチャの違反）などと表現します。アーキテクチャレビューの際には、ほとんど循環構造がないものから巨大な循環構造の怪物まで、あらゆる範囲の循環構造を目にします。

**図4-3**は、242個のクラスからなるクラス循環を示しています。それぞれの長方形

†3 訳注：あるモジュールが別のモジュールを必要とする関係のこと。

はクラスを表し、クラスの間の線はそれらの関係を表しています。この循環は 18 個のディレクトリをまたいでおり、それぞれの作業を実行する際には、それらはお互いをすべて必要とします。

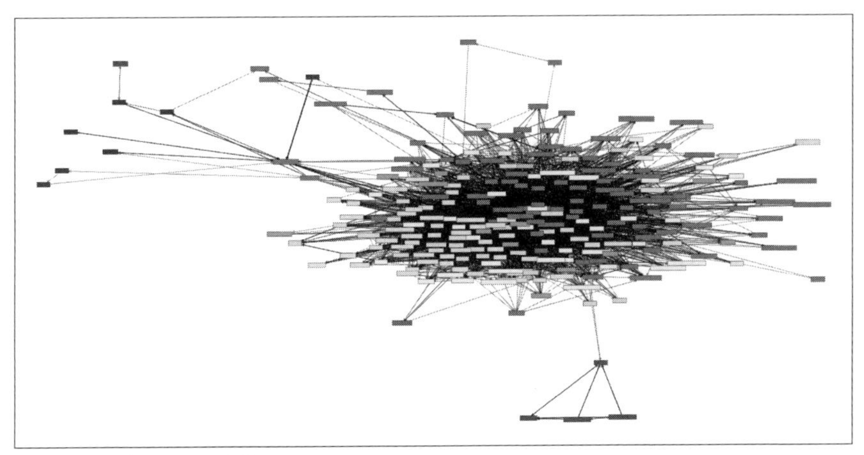

図4-3 242 個のクラス循環

**図4-3** の元となったシステムには、合計 479 個のクラスがあります。つまり、ここでは、全クラスの半分以上（242 個）が、直接的または間接的にお互いを必要としています。さらに、循環は中央に強く集中しており、周辺にはほとんどありません。この循環は簡単には破れません。このクラス群の再設計には多大な労力がかかります。ですから、最初からこのような大きな循環が発生しないようにする方がずっと良いでしょう。ほとんどのシステムには循環は存在しますが、それらは大抵、リファクタリングで分解可能な、込み入っていない小さな循環です。

**図4-4** は、アーキテクチャレベルでの非階層的な構造を示しています。小規模なアプリケーションシステム（80,000 LOC）の 4 つの技術レイヤー（アプリ、サービス、エンティティ、ユーティリティ）が互いに重なり合っており、主に上から下へ（左側の下向き矢印）と意図した通りに使用されています。しかし、いくつかの逆参照（右側の上向き矢印）が混入していることでレイヤー間に循環が生じ、アーキテクチャ違反が生じてしまっています。

このレイヤードアーキテクチャの違反は、たった 16 個のクラスによって引き起こ

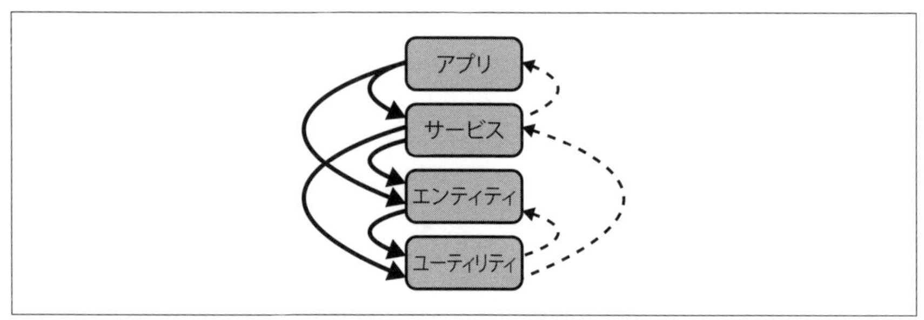


図4-4 アーキテクチャレベルでの循環

されたものだったため、解決は容易でした。繰り返しになりますが、この種の循環や階層化違反は、早く見つけてリファクタリングするのに越したことはないのです。

幸いなのは、循環はすべてのレベルで簡単に計測できるため、システムの階層構造は正確にチェックできるということです。各ポイントがMMIの算出に与える影響については、パターン一貫性の説明に従います。

## 4.6 パターン一貫性

人間が複雑な関係を構造化するために用いる最も効率的なメカニズムはスキーマです。スキーマとは、類似の物事や関係の典型的な性質を抽象化してまとめたものです。例えば、教師と聞いてあなたが思い浮かべる抽象的なレベルのスキーマに含まれるのは、「教師は学校に雇用されている」「1日の労働時間が8時間ではない」「学級テストの添削をしなければならない」のような、関連する活動に関するさまざまな仮定や考えです。あなたは自分を受け持った教師のことを覚えているでしょう。具体的には、それがあなたの中にある教師スキーマのプロトタイプとなります。

関与するコンテキストについてのスキーマをあなたが持っている場合、スキーマがない場合に比べて、質問や問題をずっと早く理解し、処理できます。例えば、ソフトウェア開発で広く用いられているデザインパターンは、スキーマを用いて作業する人間の脳の力を利用しています。開発者がすでにデザインパターンを用いて作業し、それからスキーマを作り出していた場合、そのデザインパターンを使用するプログラムのソースコードや構造をより早く認識し、理解できます。

スキーマの使用は、複雑な構造を素早く理解可能にするという決定的な利点を提供します。これがかつてソフトウェア開発にパターンが取り入れられた理由でもあります。開発者やアーキテクトにとって重要なのは、パターンが存在し、それがソースコードの中で見つけやすく、一貫して使用されていることです。したがって、一貫性を持って適用されたパターンは、ソースコードの複雑さを扱いやすくしてくれます。

**図4-5**の左側には、あるチームが自分たちのデザインパターンを記録するために開発した図が示されています。このツールでは、あるパターンに含まれるクラスを1つのレイヤーにまとめられるようになっています。図の右側に示されているのは、ソースコードがこれらのデザインパターンに分割されている様子です。軸の左側に見られる多くの弧は下向きの関係を表していて、左側の図の矢印と整合しています。軸の右側のわずかな弧はレイヤー分けに反した上向きの関係を示しています。これは典型的な、レイヤードパターンによる階層構造を示しています。このシステムでは、レイヤードパターンがうまく実装されています。なぜなら、左側の弧（上から下への関係）が主であり、右側の弧（パターンが示す方向に反した下から上への関係）がとても少ないからです。

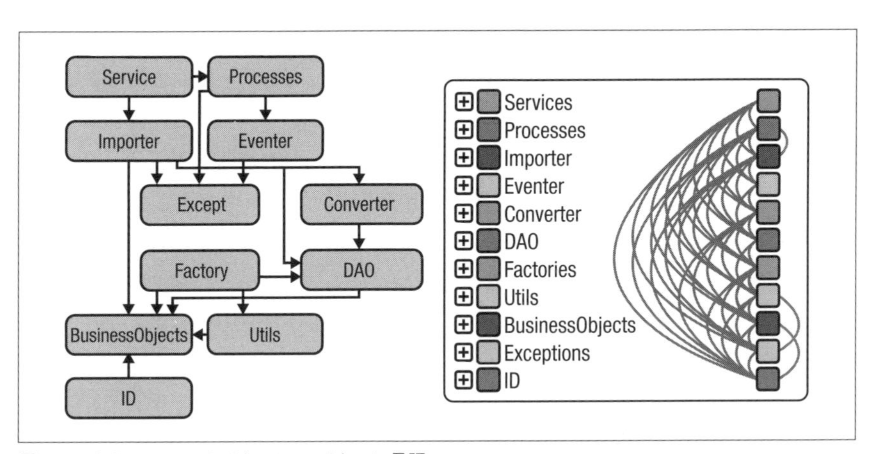


図4-5　クラスレベルのパターン = パターン言語

ソースコード中のパターンを調べることは、通常、アーキテクチャレビューの最もエキサイティングな部分です。ここでは、開発チームが実際に作業しているレベルを把握しなければなりません。個々のパターンを実装するクラスは、多くの場合、パッケージやディレクトリに分散しています。**図4-5**の右に示されているパターンをモデリングすることで、アーキテクチャをこのレベルで可視化し、分析できるようになります。

パターン一貫性は、階層性のように直接計測することはできません。ですが、次の節では、MMIでパターン一貫性を評価するために使用される計測方法をいくつか紹介します。

## 4.7　MMIを算出する

MMIは、モジュール性、階層性、パターン一貫性の3原則に基づく、さまざまな基準とメトリクスに基づいて算出されます。3つの原則は、MMIの算出の中ではパーセンテージによって表されます。それぞれの原則には、**表4-1**の指示に基づいて算出される異なる基準があります。モジュール性は、MMIに最も強い影響を及ぼします。その比率は、45 %です。なぜなら、モジュール性は階層性とパターンの一貫性の基礎でもあるからです。これが、MMIという名称の中にモジュール性が含まれている理由でもあります。

**表4-1**の基準は、メトリクスツール、アーキテクチャ分析ツール、またはレビューアの判断によって決定されます（「～によって決定される」列を参照）。値を正確に計測するためのメトリクスツールはたくさんあるものの、MMIの比較を行う際には、使用するツールがどのようにメトリクスを計測しているかを考慮する必要があります。レビューアの判断は計測できないため、レビューアの裁量に委ねられることになります。アーキテクチャ分析ツールは計測可能ではあるものの、レビューアのひらめきに大きく依存します。

私の職場では、これらの計測ができない基準を評価する際には、レビューアは開発者やアーキテクトと議論することにしています。これは、対面またはリモートのワークショップの形で行われます。ワークショップでは、アーキテクチャ分析ツール[†4]の助けを借りつつ、さまざまなアーキテクチャ的観点からシステムについて議論を行います。可能な限りの互換性を確保するため、レビューは常に2人1組で行い、その

†4　私自身の分析では、Sotograph、Sonargraph、Lattix、Structure101、およびTeamScaleを使用しています。

結果をアーキテクチャレビューアの大きなグループで議論します。

表4-1 モジュール性成熟度指標

| カテゴリ | サブカテゴリ | 指標 | ～によって決定される |
|---|---|---|---|
| 1. モジュール性（45%） | | | |
| | 1.1. ドメインや技術のモジュール化（25%） | | |
| | | 1.1.1. ドメインモジュールへのソースコードの割り当て（全ソースコードに占める割合） | アーキテクチャ分析ツール |
| | | 1.1.2. 技術レイヤーへのソースコードの割り当て（ソースコード全体に占める割合） | アーキテクチャ分析ツール |
| | | 1.1.3. ドメイン・モジュールのサイズ関係 [(最大 LOC/最小 LOC)/数] | メトリクスツール |
| | | 1.1.4. 技術レイヤーのサイズ関係 [(最大 LOC/最小 LOC)/数] | メトリクスツール |
| | | 1.1.5. ドメインモジュール、技術レイヤー、パッケージ、クラスは明確な責任を持つ | レビューア |
| | | 1.1.6. パッケージ／名前空間またはプロジェクトを介した技術レイヤーとドメインモジュールのマッピング | レビューア |
| | 1.2. 内部インターフェイス（10%） | | |
| | | 1.2.1. ドメインモジュール・技術モジュールにインターフェイスがある（% 違反） | アーキテクチャ分析ツール |
| | | 1.2.2. パッケージ・名前空間またはプロジェクトによる内部インターフェイスのマッピング | レビューア |
| | 1.3. 比率（10%） | | |
| | | 1.3.1. 大規模クラスにおけるソースコードの割合 | メトリクスツール |
| | | 1.3.2. 大規模メソッドにおけるソースコードの割合 | メトリクスツール |
| | | 1.3.3. 大規模パッケージのクラスの割合 | メトリクスツール |

表4-1 モジュール性成熟度指標（続き）

| カテゴリ | サブカテゴリ | 指標 | ～によって決定される |
|---|---|---|---|
| | | 1.3.4. システムのメソッドのうち、高い循環複雑度を持つメソッドの割合 | メトリクスツール |
| 2. 階層（30%） | | | |
| | 2.1. ドメインや技術のレイヤー化（15%） | | |
| | | 2.1.1. 技術のレイヤー化におけるアーキテクチャ違反の数（%） | アーキテクチャ分析ツール |
| | | 2.1.2. ドメインモジュールのレイヤー化におけるアーキテクチャ違反の数（%） | アーキテクチャ分析ツール |
| | 2.2. クラス循環とパッケージ循環（15%） | | |
| | | 2.2.1. 全クラスのうち、いずれかの循環に含まれるクラスの割合（%） | メトリクスツール |
| | | 2.2.2. 全パッケージのうち、いずれかの循環に含まれるパッケージ数の割合（%） | メトリクスツール |
| | | 2.2.3. 循環毎のクラス数 | メトリクスツール |
| | | 2.2.4. 循環毎のパッケージ数 | メトリクスツール |
| 3. パターンの一貫性（35%） | | | |
| | | 3.1. パターンへのソースコードの割り当て（全ソースコードに対する割合） | アーキテクチャ分析ツール |
| | | 3.2. パターン間の循環依存関係（違反の割合） | アーキテクチャ分析ツール |
| | | 3.3. パターンの明示的なマッピング（クラス名や継承、アノテーションを介した） | レビューア |
| | | 3.4. ドメインやソースコードの分離（ドメイン駆動設計、ヘキサゴナルアーキテクチャ） | レビューア |

MMIは、**表4-2**を用いて各基準の0から10の間の数値を決定することにより算出されます。セクションごとに得られた数値を合計し、**表4-1**から問題の基準の数で割ります。その結果は、0から10の間の数値を決定できるように、それぞれの原則

のパーセンテージとともに MMI に記録されます。

表 4-2 MMI の詳細な算出方法

| セクション | 0 | 1 | 2 | 3 | 4 | 5 | 6 | 7 | 8 | 9 | 10 |
|---|---|---|---|---|---|---|---|---|---|---|---|
| 1.1.1 | <=54% | >54% | >58% | >62% | >66% | >70% | >74% | >78% | >82% | >86% | >90% |
| 1.1.2 | <=75% | >75% | >77.5% | >80% | >82.5% | >85% | >87.5% | >90% | >92.5% | >95% | >97.5% |
| 1.1.3 | >=7.5 | <7.5 | <5 | <3.5 | <2.5 | <2 | <1.5 | <1.1 | <0.85 | <0.65 | <0.5 |
| 1.1.4 | <=54% | >54% | >58% | >62% | >66% | >70% | >74% | >78% | >82% | >86% | >90% |
| 1.1.5 | いいえ | | | | | 部分的に「はい」 | | | | | はい |
| 1.1.6 | いいえ | | | | | 部分的に「はい」 | | | | | はい |
| 1.2.1 | >=6.5% | <6.5% | <4% | <2.5% | <1.5% | <1% | <0.65% | <0.4% | <0.25% | <0.15% | <0.1% |
| 1.2.2 | いいえ | | | | | 部分的に「はい」 | | | | | はい |
| 1.3.1 | >=23% | <23% | <18% | <13.5% | <10.5% | <8% | <6% | <4.75% | <3.5% | <2.75% | <2% |
| 1.3.2 | >=23% | <23% | <18% | <13.5% | <10.5% | <8% | <6% | <4.75% | <3.5% | <2.75% | <2% |
| 1.3.3 | >=23% | <23% | <18% | <13.5% | <10.5% | <8% | <6% | <4.75% | <3.5% | <2.75% | <2% |
| 1.3.4 | >=3.6% | <3.6% | <2.6% | <1.9% | <1.4% | <1% | <0.75% | <0.5% | <0.4% | <0.3% | <0.2% |
| 2.1.1 | >=6.5% | <6.5% | <4% | <2.5% | <1.5% | <1% | <0.65% | <0.4% | <0.25% | <0.15% | <0.1% |
| 2.1.2 | >=14% | <14% | <9.6% | <6.5% | <4.5% | <3.2% | <2.25% | <1.5% | <1.1% | <0.75% | <0.5% |
| 2.2.1 | >=25% | <25% | <22.5% | <20% | <17.5% | <15% | <12.5% | <10% | <7.5% | <5% | <2.5% |
| 2.2.2 | >=50% | <50% | <45% | <40% | <35% | <30% | <25% | <20% | <15% | <10% | <5% |
| 2.2.3 | >=106 | <106 | <82 | <62 | <48 | <37 | <29 | <22 | <17 | <13 | <10 |
| 2.2.4 | >=37 | <37 | <30 | <24 | <19 | <15 | <12 | <10 | <8 | <6 | <5 |
| 3.1 | <=54% | >54% | >58% | >62% | >66% | >70% | >74% | >78% | >82% | >86% | >90% |
| 3.2 | >=7.5% | <7.5% | <5% | <3.5% | <2.5% | <2% | <1.5% | <1.1% | <0.85% | <0.65% | <0.5% |
| 3.3 | いいえ | | | | | 部分的に「はい」 | | | | | はい |
| 3.4 | いいえ | | | | | 部分的に「はい」 | | | | | はい |

**図 4-6** は、5 年間にわたって評価した 22 個のソフトウェアシステムを抜粋したものです（X 軸）。各システムについて、その規模を LOC（ポイントの大きさ）で示し、MMI を 0 から 10 までの尺度で示しています（Y 軸）。

システムの評価が 8 から 10 の間である場合には、技術的負債の割合は低いと評価されます。すなわち、そのシステムは、**図 4-1** で示した「低く安定した保守コスト」の領域にいるといえます。**図 4-6** の評価が 4 から 8 の間のシステムは、すでにかなりの技術的負債を抱えていると評価されます。品質を向上させるには、相応のリファク

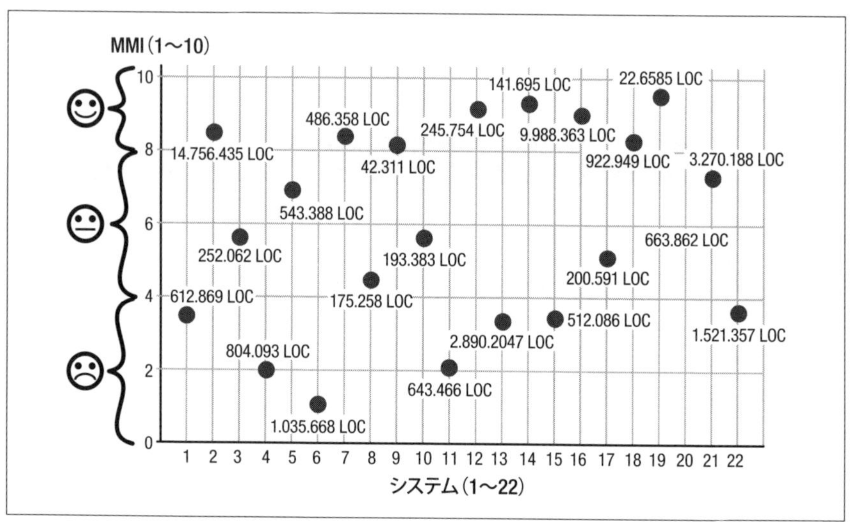


図4-6 さまざまなシステムの MMI

タリングが必要です。評価が4以下のシステムは、多大な労力をかけなければ保守・拡張できません（**図4-1** における「高くつき予測不可能な保守コスト」の領域）。このようなシステムでは、リファクタリングを通じて改良する価値があるか、それともシステムをリプレースすべきかを慎重に判断する必要があります。

## 4.8 MMIを決定するためのアーキテクチャレビュー

ほとんどの開発チームは、開発しているシステムの設計上およびアーキテクチャ上の負債を即座に列挙できます。そこで列挙された負債は、技術的負債を分析するための良い出発点となります。設計とアーキテクチャの負債の根本を突き止めるには、アーキテクチャ分析を行うのがお勧めです。アーキテクチャ分析を行うことで、計画された目標アーキテクチャが、実アーキテクチャを表すソースコード（**図4-7** 参照）にどの程度実装されているかをチェックできます。目標アーキテクチャとは、アーキテクトや開発者の頭の中や紙の上に存在するアーキテクチャの計画です。今日では、Lattix、Sotograph/SotoArc、Sonargraph、Structure101、TeamScaleといった目標アーキテクチャと実アーキテクチャを比較するための優れたツールが利用可能です。

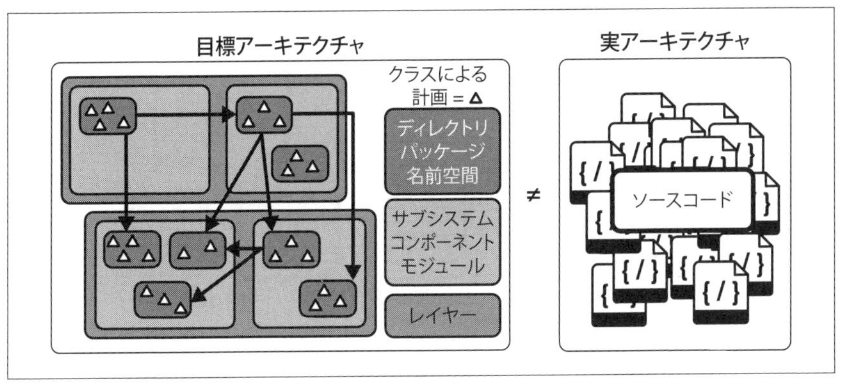


図4-7　目標アーキテクチャと実アーキテクチャのレビュー

原則として、ソースコード内の実アーキテクチャは計画された目標アーキテクチャと異なります。その理由は多岐にわたります。開発環境は現在処理しているソースコードに対する局所的な知見のみを提供し、全体像を提供しません。そのため、多くの場合、実アーキテクチャは気づかないうちに目標アーキテクチャから逸脱していきます。開発チーム内部でのアーキテクチャに対する知識の欠如も、逸脱を生じさせる要因の一つとなります。他には、チームが時間的なプレッシャーにさらされ、迅速な解決策が必要なため、目標アーキテクチャと実アーキテクチャの間にギャップが意図的に発生するケースもあります。大抵は、その後の必要なリファクタリングは無期限に延期されます。

**図4-8**は、技術的負債を特定するためのアーキテクチャ分析のシーケンスを示しています。アーキテクチャ分析は、レビューアがシステムのアーキテクトや開発者とともにワークショップを実施して行います。ワークショップの最初に、システムのソースコードを解析ツールで解析し（1）、実アーキテクチャを記録します。そして、目標アーキテクチャを実アーキテクチャ上にモデル化し、目標アーキテクチャと実アーキテクチャを比較します（2）。

技術的負債が可視化されたら、レビューアは開発チームとともに、リファクタリングによって実アーキテクチャを目標アーキテクチャに合致させるための簡単な解決策を探します（3）。あるいは、レビューアと開発チームは、議論の中で、ソースコード

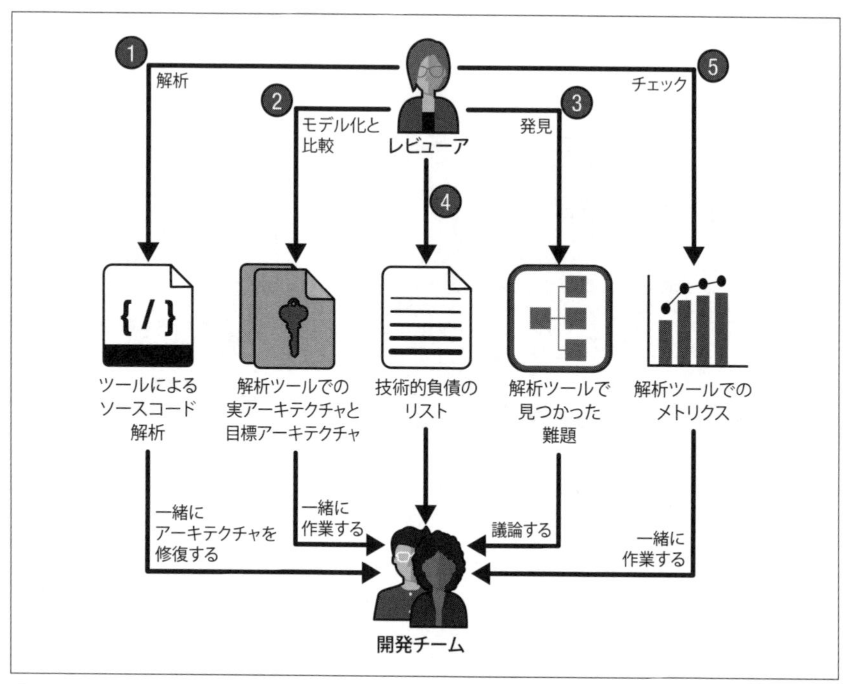


図4-8 MMIを決定するためのアーキテクチャレビュー

で選択された解決策が当初の計画よりも優れていることを発見します。

しかし、時には、目標アーキテクチャも、逸脱した実アーキテクチャも、最良の解決策ではないこともあります。その場合には、レビューアと開発チームが協力して、アーキテクチャの新しい目標イメージを設計しなければなりません。このようなアーキテクチャレビューの過程で、レビューアと開発チームは、技術的負債とリファクタリングの可能性を収集します（4）。最後に、大きなクラス、強すぎる結合、循環など、より多くの技術的負債を見つけるために、さまざまなメトリクスを調べます（5）。

## 4.9 結論

MMIは、レガシーシステムにおける技術的負債の程度を決定します。モジュール性、階層性、パターン一貫性を評価することで、システムのリファクタリング、またはリプレースの可能性を判断できます。MMI が 4 未満の場合は、技術的負債の少ない別のシステムへのリプレースが理にかなっているかを検討する必要があります。MMI が 4〜8 の間であれば、通常、リプレースよりもリニューアルの方が安上がりです。この場合、チームはレビューアと協力して、技術的負債を減らすリファクタリングを定義し、優先順位付けを行う必要があります。これらのリファクタリングは、システムの保守や拡張の中で段階的に計画されなければならず、その結果は定期的にチェックされなければなりません。このようにして、システムは徐々に「メンテナンスのための絶え間ない努力」の領域に移行できます。

MMI が 8 を超えるシステムは、レビューアにとって大きな喜びです。それは通常、チームとアーキテクトが良い仕事をしている結果だからです。その場合には、自分たちのアーキテクチャに誇りを持てることに気づけるでしょう。そのような場合、MMI を使って仕事を肯定的に評価できることを、私たちは大変うれしく思います。

# 5章
# プライベートビルドとメトリクス：DevOps移行を乗り越えるためのツール

Christian Ciceri

多くの人はソフトウェアアーキテクチャを技芸だと考えています。ですが、私はむしろ科学だと理解しています。科学者は、物事を計測し、さらなる推論の根拠とします。たとえ正確な数値が得られないとしても、ソフトウェアアーキテクチャに対する数学的アプローチは、メトリクスや指標のような計測可能な値に依存します。そうしたアプローチを取る際には、指標が状況に適しているかを見極めるのがとても重要です。では、組織が設定しているKPIが時間と労力を投資するのに値するものとなっているかは、どのようにして確認できるのでしょうか？

優れたメトリクスを得るには、よくできたシステムと多くの努力が必要です。しかし、実際のところ、あなたはうまく組み立てられたシステムで仕事をしていないかもしれません。もしくは、あなたの組織は、DevOpsのベストプラクティスに基づく素晴らしいメトリクスに至るために必要な努力をまだしていないかもしれません。DevOpsは、文化的な移行を指す用語です。しかし、そのコンセプトは誤解されやすく、企業は必ずしもDevOpsが求めるベストプラクティスを完全には採用しようとしません。ベストプラクティスの学習と実装は、それを目標としたとしても、時間がかかるプロセスです。現実のシナリオは必ずしもベストケースとは限らず、標準メトリクスは必ずしも現実の問題を反映しているとは限りません。

では、ベストプラクティスを導入したいけれど組織がまだそこに至っていない場合、私たちは一体どうすればいいのでしょうか。理想的でない状況であっても、移行を成功させ、生産的であり続けるのに役立つ一連のプラクティスとメトリクスを持つことは、有用で重要です。それが、本章のテーマです。

本章では、実際のプロジェクトで起きたケーススタディをいくつか紹介し、プライベートビルドとメトリクスを使用して、どのようにしてDevOpsへの移行を乗り切ったかを説明します。次のような状況に、メトリクスとプライベートビルドがどう役立つかを分かってもらえるはずです。

- DevOpsチームとQAチームの間に断絶がある。
- 非生産的なフィードバックループに陥っている。
- 真の理解がなされないまま、自動化に過度に依存している。
- 検証や自動化に対するオーナーシップが欠如している。

コンサルタントとして、私はこうした「アンチパターン」を何度も見てきました。こうした理想的ではない状況は、決して珍しいことではありません。本章では、同じような状況にあるチームが、自分たちのニーズに優先順位をつけ、あまり痛みを感じずに開発プロセスを改善していくためのロードマップを描くのに役立つメトリクスを紹介します。

## 5.1 主要な用語

アジャイルムーブメント、特にエクストリームプログラミング（XP）の台頭によって、開発の世界の焦点は自動化へとシフトしました。その背景にある考え方は、Martin Fowlerが2011年にはっきりと説明しています[†1]。「痛み」（多くの時間や労力を要する）を伴う活動は、より多くのフィードバックや実践機会を得るため、そして作業単位をより小さくするために、できるだけ頻繁に行うべきというものです[†2]。このような活動は、自動化の候補と考えるべきです。

†1 Martin Fowler, "FrequencyReducesDifficulty," MartinFowler.com, July 28, 2011.

†2 もちろん、自動化が必要なのはそのような活動だけではありませんが、それらは始めるための良い指標となります。

### 5.1.1 CI/CD

また、Fowlerは2006年、継続的インテグレーション（Continuous Integration：CI）を推奨しました。彼はCIを次のような開発**プラクティス**と定義しています。「継続的インテグレーションは、チームのメンバーが頻繁に作業を統合するソフトウェア開発プラクティスです。このプラクティスでは通常、各人が1日に少なくとも1回以上の統合を行います。各インテグレーションは、自動ビルド（テストを含む）によって検証され、統合エラーを可能な限り迅速に検出します」[†3]。

Fowlerは、CIの手法を一連のプラクティスとして説明し、そのうちの1つが自動化であると説明しました。自動化は日々の開発活動も**サポート**します。ここで重要なのは、この共有されているビルドやコードを壊さないようにするという点です。これについては、章の後半で詳しく説明します。

継続的インテグレーションの概念は、継続的デリバリー（Continuous Delivery：CD）へと拡張されていきました。この2つはよく、CI/CDのように合わせて参照されます[†4]。CIは、プロセスの**最初の**部分だけを表します。通常、その部分は開発チームだけが関与します。ソフトウェアデリバリーは、ステークホルダーや他の技術チーム（運用チームやQAチームなど）も関与する複雑なプロセスです。CDは、自動化というレールの上で、それらすべてを一つにまとめます。とはいえ、自動化はあくまでプロセスをサポートするものです。

CI/CDの仕組みを明確にしておくと本章を理解しやすくなるので、もう少し詳しく説明させてください。現代のソフトウェアは通常、コンポーネントに分割されています。そのため、デリバリーパイプラインの後段では、通常、何も壊れていないことを検証するために、複雑な統合テストを実行します。これらの検証は、自動または手動で実行されます。いずれの場合も、不具合の発見が遅ければ遅いほど、その修正にかかるコストは高くなります。最悪のケースは、エンドユーザーが本番で不具合を報告する場合です。不具合は報告され、分類され、問題の緊急性に基づいて修正が計画されます。

---

†3 Martin Fowler, “Continuous Integration,” MartinFowler.com, May 1, 2006.

†4 CI/CDと言われるとき、CDは継続的デリバリー（Continuous Delivery）ではなく継続的デプロイメント（Continuous Deployment）を意味することがあります（https://oreil.ly/URy9a）。本章では、CDは継続的デリバリーを意味しています。2つの概念の違いについては、Fowlerのブログ（https://oreil.ly/8Isic）を参照ください。

本番まで不具合が発見されない場合、組織の評判を落とすことになります。エンドユーザーは、機能に欠陥があるせいで失望するかもしれません。特に、それが自分自身やビジネスに深刻な影響を及ぼす場合はなおさらです。一連のプロセスの後半で不具合に対処するこうしたやり方は、共有メインラインへチェックインする前のローカル開発環境で不具合を早期発見して修正するケースと比べて、非効率的です。

## 5.1.2 DevOps

**DevOps** は、「Development and Ops Cooperation」の合成語です。2009 年に Patrick Debois によって作られ、Twitter のハッシュタグによって一般化しました。DevOps は、開発者と運用・システム管理者という 2 つの世界の間にある、伝統的な「サイロ化」された孤立を取り除くという考え方です。また、問題の発生から発見までの時間を短縮するというアジャイルの考え方の延長線上にあるものでもあります。

DevOps の主な考え方には、次のようなものがあります。

**プロセス**

システム管理者や運用チームは、開発チームと完全に統合されるべきです。CI/CD は、コードを常にデプロイ可能な状態に維持すべきという前提に立っています。

**ツール**

アプリケーションをデプロイ可能な状態に保つことに責任を持つチームは、その仕事に適したツールを選択する責任もあります。これは、開発者と運用担当者がツールチェイン全体を決定し、共有することを意味します。

**文化**

運用チームと開発チームの仕事の仕方は、一貫していなければなりません。例えば、運用に関わる作業もコードと同じようにバージョン管理システムに入れる必要があります（**Infrastructure as Code** とその周辺の概念を確認してみてください）。自動テストや「プライベートビルド」のような開発チームによる自動化は、環境構築やデプロイメント、ランタイムインスペクションの自動化のように、より広いコンテキストで行われる必要があります。

DevOpsがソフトウェア業界にもたらした最大の変化は、文化です。DevOpsに従うには、開発チームと運用チームの双方がそれぞれの専門領域の境界を越えて働く必要があります。開発者は、ソフトウェアが実行される環境について学び、自動化やシステムスクリプトの問題を検出して修正できるようにならなければなりません。運用担当者やシステム管理者は、コードがどのように書かれているかやソリューションのアーキテクチャなど、ソフトウェアにおける重要な箇所について理解する必要があります。また、ユニットテストを作成し、コードをデバッグできる能力も必要です。そして、ロギングや調査についての方針を開発チームに示すなど、サポートしやすさを「自分たちで」実現できなくてはなりません。

まとめると、DevOpsの主要な焦点は**文化**であり、ツールや自動化はそれに続くものと言えます。

## 5.2 「オーナーシップシフト」

理想的な状況では、チームがすべてのパイプラインを所有し、DevOpsの文化が完全に根付いています。コミュニケーションを妨げるサイロは存在せず、チームは自らのコードを構築し実行できます。

しかし多くの場合、DevOpsの理想と現実の間には、大きなギャップが存在します。多くの組織で、DevOpsという用語が、もはや文化を指す用語ではなく、「モダンなシステム管理者」というような意味で使われているのを目にする機会も少なくありません。「モダンなシステム管理者」の求人情報では、自動化ツールやシステムスクリプトなどの運用スキルが求められます。一方で、開発分野の求人でそのようなスキルが明確に求められることはほとんどありません。モダンなシステム管理者に期待される仕事は、主には自動化の構築と保守です。そうすると、「DevOps」という言葉は、多くの場合、独自のチケットワークフローを持つよう組織化された自動化チームの名称になってしまいます。一方、開発チームは、どこでどのようにデプロイが行われるかをほとんど知らないままです。自動化ワークフローから切り離されている一方で、検証は開発チームへと委ねられています。QAチームも別行動です。これではサイロが復活し、ローカル開発環境と本番環境との「環境の不一致」が再来してしまいます。私はこのアンチパターンを**オーナーシップシフト**と呼んでいます。

## 5.3 ローカル環境を再び強化する

CIの実践については、Martin Fowlerが示した「壊れたビルドはすぐに修正せよ」[†5]というプラクティスが重要なものとしてよく引用されます。理想的なDevOpsの世界では、これは良いアドバイスです。しかし、オーナーシップシフトがもたらす一つの矛盾は、ビルドパイプラインが開発チームの手から離れてしまっているところにあります。実際、Fowlerの原則はいくつかの前提に基づいていますが、それらは理想的でないDevOps文化においては、無条件で与えられるものではありません。Fowlerの原則が前提としているものには、例えば、次のようなものがあります。

- コードベースへの変更が、ビルドを壊す唯一の方法である。インフラストラクチャの変更を手作業では行わない。その代わりに、アプリケーションのソースコードに変更を加えて、それをトランク（またはバージョン管理システムにおける開発メインライン）にコミットすることで、ビルドを修正できるようになっている必要がある。
- チームメンバーが、ビルドの問題を自律的にデバッグする方法を知っていて、ビルドの問題を修正するのに必要なアクセス権と権限も持っている。

しかし、私がここで念頭に置いているような現場では、これらの前提はほとんど満たされていません。ビルドが壊れていて、コードベースのどこにその原因があるか明らかでない場合、開発チームは自動化に関するコントロールをほとんど、あるいはまったく持っていません。開発チームはその問題を「DevOpsチーム」に渡し、DevOpsチームは自分たちのスケジュールと優先事項に基づいてチケットに対応します。デリバリープロセスはブロックされ、分断されたQA部門は最新バージョンをレビューする方法がありません。したがって、ソフトウェアはデリバリー不能の状態になります。

認識の誤りは、CI/CDパイプライン（**図5-1**）や自動化されたものだけを、検証プロセスの中心だと考えてしまうことにあります。すべての検証を自動化だけに委ねてしまうと、オーナーシップシフトのせいで、先ほど挙げたすべての非効率性とリスクが発生する可能性が高いのです。

†5 Fowler, "Continuous Integration," https://oreil.ly/WXFrv.

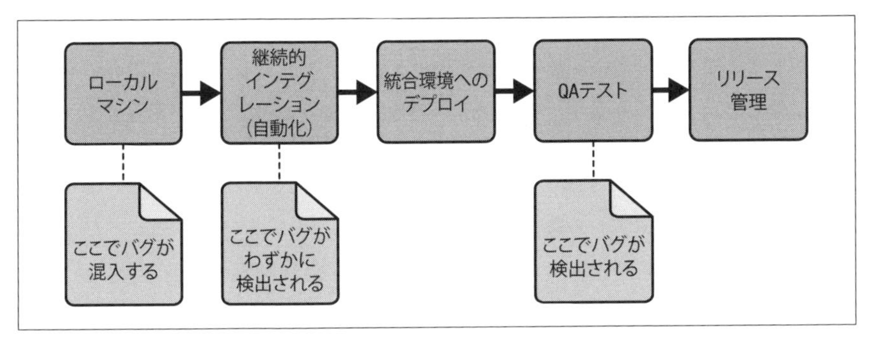


図5-1　CI/CD パイプライン

自動化は、検証を安価で反復可能なプロセスにするのに必要なステップに過ぎません。検証を開発プロセスの外に移すためのものではないのです。私が提案するのは、検査の主戦場を、問題が混入する場所、つまりローカル開発環境に移すことです。(**ローカル**とは、通常の変更が加えられる環境を指します。たとえそれが一般的で便利な選択であっても、必ずしも開発者のマシンだけを指すわけではありません)。

## 5.4 プライベートビルド

Paul M. Duvall、Steve Matyas、Andrew Glover らは、著書『継続的インテグレーション入門』(日経 BP) [7] の中で、**プライベートビルド**という概念を紹介しています。著者らは、「ビルドが壊れるのを防ぐために、開発者はユニットテストを完了した後、各自のワークステーション上で統合ビルドを実行すべきである」と主張しています。続けて、「プライベートビルドを行うことで、変更を加えたコードを他の開発者によるすべての変更と統合できます。バージョン管理リポジトリ上の変更を取得し、最新の変更が正常にビルドできることを手元で確認することで、各開発者がコミットするコードは、統合ビルドサーバー上で壊れる可能性が低いコードとして、大きな成果に寄与します」と述べています。

プライベートビルドは**自動化を目的としたもの**です。しかし、自動化が「DevOps チーム」に所有されるようになった今、独自の環境とスケジュールを持つようになりました。そのため、プライベートビルドは以前に比べると一般的なものではなくなりました。ローカルマシンで簡単に実行できる共有の統合テストスクリプトが存在することがほとんどなくなったことが、その裏付けです。

コンテナのような技術や、簡単に標準化できるビルドツールの助けを借りても、自動化は難しい部分があります。それには、例えば、次のようなことがあります。

- 統合テストを実行するデータセットは、QA 部門と継続的に連絡を取りながら、慎重に選択する必要があります。
- データ管理の仕組みには、まだ効果的な標準がありません。
- データベースのマイグレーションがある場合、ビルドプロセスの中で自動的に実行されなければなりません。ですが、多くの場合、対応する本番環境とは異なる方法で実行されます。
- 現代のアプリケーションは、マイクロサービスアーキテクチャがそうであるように、多くの場合、コンポーネント化されています。コンポーネントには、メッセージブローカーのような複雑な通信チャンネルが求められます。
- E2E テストのように、ローカルマシンで書いて実行するのが難しいテストもあります（その結果、QA チームへの「オーナーシップシフト」が明確になることもあります）。

これらは、完全に自動化されたプライベートビルドがしばしば困難である理由のほんの一部です。とはいえ、このコンセプトには、実施するだけの価値があります。プライベートビルドの**目的**は、共通のコードベースやトランク、あるいは後続の（自動または手動の）検証ステップに問題が入り込むのを防ぐことであるのを忘れないでください（プライベートビルドで CI/CD パイプラインを開始した場合の視覚化については、**図5-2** を参照してください）。

プライベートビルドのいくつかのステップが自動化できない場合、少なくとも一時的に手動でそのステップを実行する必要があります（それが最善の方法だとは言いませんが、何もしないよりはましでしょう）。自動化されていようがいまいが、プライベートビルドはソフトウェア開発のライフサイクルに必要なステップであることに変わりはありません。

プライベートビルドは、**手元**の開発マシンでも、クラウド環境などの専用インフラでも、実行が可能です。開発環境は、物理マシンでない場合もあります。**便利な**ローカル環境とは、開発者の完全な管理下にあるもの（大抵は開発者のマシン）で、変更

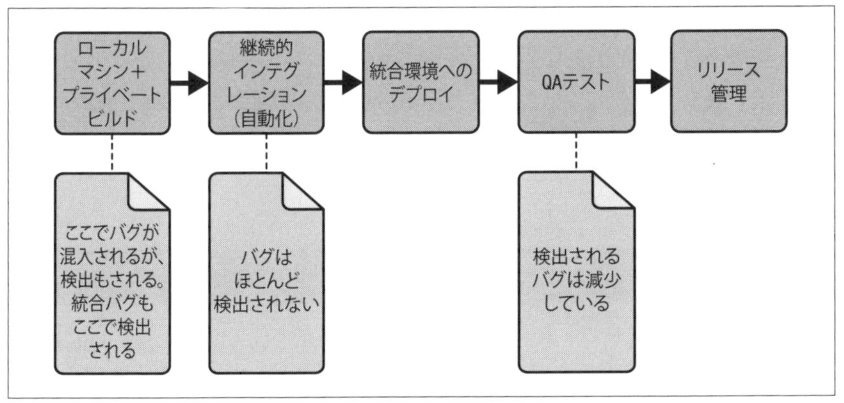


図5-2　プライベートビルドから始まる CI/CD パイプライン

を迅速かつ容易に検証できるようにするものです。

プライベートビルドについて覚えておくべき重要なことは、それが**プライベート**[†6]であるということです。それはつまり、共有のメインラインに変更が入る前に、専用の環境で実行されるという意味です。ポイントは、共有ビルドやトランク全般を壊す可能性のある変更を公開しないようにすることです。

## 5.5　ケーススタディ：不安定なトランク

A 社には、多分野にわたる専門性を持つチームがあります。ですが、同社のアジャイルの実践はまだ十分ではなく、アジャイルな意味での職能横断チームではありません。イテレーションの長さは一定でなく、チームは、フロントエンド、バックエンド、データベース管理（DBA）、DevOps、QA チームを代表するメンバーから構成されています。

QA メンバーから、「最新バージョンをテストするたびにソフトウェアが壊れている」という報告がありました。さらに「最新バージョンの不具合を修正するのにも長

†6　ここで明確にしておきたいですが、私は「プライベート」の代わりに「パーソナル」という言葉を使いません。「パーソナル」は定義上は独りであることを指しますが、ペアプログラミングやモブプログラミングを行っている環境の可能性もあるからです。とはいえ、個人の環境が共有のメインラインにコードを公開する前の環境であると考えるのであれば、プライベートビルドをパーソナルビルドと呼び変えてもよいかもしれません。

い時間がかかっている」という報告も上がっています。そこで、チームは根本的な原因分析を行うことを決定し、各サブチームの全プロセスを見直すことにしました。チームは、**表5-1**に示すように、QAメンバーが最も気にしている箇所を把握するための表を作成しました。

表5-1　バグ分析

| バグ | コンポーネント | 回避できるか | 容易に自動化できるか | 何によって引き起こされるか |
|---|---|---|---|---|
| A1 | フロントエンド | いいえ | いいえ | サーバーから送られてくるチェックされていない未定義の値 |
| A2 | バックエンド | はい（テストされていなかった） | はい | データ型がAPIに適合していなかった |
| A3 | 実データとの統合 | いいえ | はい | コーナーケースとしての実データ形式 |
| A4 | 統合 | いいえ | いいえ | 後方互換性の問題 |

チームは、**不可避なバグ**、つまり回避できなかったバグに焦点を当てることに決めました。

### 5.5.1　バグA1

チームは、フロントエンド開発者がローカルマシン上の「安定した」バックエンドAPIを用いてコードをテストしていたために、バグA1が発見されずにチェックイン（トランクへの公開）されていたことを発見しました。これは、APIの変更の影響を避ける合理的な方法……と言えば聞こえはいいですが、実のところ、フロントエンド開発者は、バックエンドAPIとテストデータの管理方法を正確に把握できていませんでした。これがもし、チェックイン前に最新のバックエンドAPIを使ってテストできていたら、問題は簡単に検出できたでしょう。

チームは、フロントエンド、DBA、DevOpsのメンバーに、アップデートの管理と検証（Gitのプルに似た、現在のトランクから他のチームメンバーのコード変更を受け取って統合する）を含め、バックエンド環境**全体**をローカルマシンで管理する方法を教えることにしました。それをすることになったメンバーは、ローカル環境は管理が複雑だと不満を漏らします。利用したいデータがデータベース上に無いことがあったり、手元でデータベースを動かすのが面倒だったりするのがその原因のようです。

フロントエンドチームは、そうした不満を軽減する工夫をいくつか施して対処しました。ですが、バックエンドのバグや API の安定性についての不満は依然として残っています。

### 5.5.2 バグ A2

バックエンドチームが、API のインターフェイスをチェックする自動テストを作っていなかったことが判明しました。バックエンドチームの開発サイクルは通常、テスト駆動開発（TDD）に従っています。すなわち、ユニットテストと統合テストを書き、それらすべてが良好であることを確認した上で、自信を持ってコードをチェックインするのが、通常のやり方です。しかし、バックエンドチームのメンバーによると、今は API のインターフェイスをチェックする自動テストを作る余裕はないとのことです。ただ、ユースケースは限られていて、手動でも簡単に実行できるので、フロントエンドとバックエンドのコンポーネントをローカルでテストすれば、バグの検出を容易にできるかもしれないということでした。

バックエンドチームは、ローカルマシン上でフロントエンド環境を構築する方法をフロントエンドチームから教わります。API の安定性を確保するために、少なくとも自動化を進める余裕ができるまでは、共有された手動テストケースを使用してプライベートビルドを実行することを、バックエンドチームは約束しました。

### 5.5.3 バグ A3

フロントエンドとバックエンドのチームはそれまで、データに変更が入るたびに、新しいバージョンのテストデータを使ってローカル環境で手動で確認する方法でテストを行っていました。しかし、テストデータの安定性への不満がすぐに出始め、分かりにくいバグや明らかに普通ではないバグが頻繁に報告されるようになりました。新しいバグの多いデータが導入されたことを最終的に理解するために、チームは難しいデバッグ作業に時間を費やす必要がある状態です。

チームはこれを回避するために、DBA にローカル環境の構築と、手動のプライベートビルドとして、チェックイン前にその環境でテストスイートを手動で実行することを依頼します。DBA は、データの変更ごとに、リポジトリから変更を取り込む前と後にテストを実行します。データの非互換性を見つけたときは、DBA とバックエンドの開発者が個別に連絡を取り合います。バックエンドメンバーは、非互換性を明らかにする統合テストを作成し、それを修正します。データと修正内容をチェックインすることで、トランクは安定した状態に保たれます。

### 5.5.4 バグ A4

手動でプライベートビルドを行うようになり、**チームメンバー全員**が統合バグを発見するようになりました。QA メンバーは、代わりに機能チェックとアプリケーションのバージョン管理に力を注ぎます。デプロイはより安定し、必要な修正も感覚的に少なくなりました。しかし、自動化がまだ制御下にないため、修正のテストには長い時間がかかります。QA メンバーは、デプロイ時間を改善するよう DevOps チームに依頼することにしました。一方、他のチームにはローカル開発環境の提供を依頼し、最終的なデプロイ版がない状態でも機能検証を続けられるようにします。ローカル環境は、起こり得る問題をより深く理解し、より的確に問題を報告するのに役立ちます。ローカル環境を制御することで、QA メンバーはより積極的に活動できるようになり、E2E テストの自動化を書き始めることができるようになりました。

チームは、取り組みの成果を示すため、バグ分析表を**表5-2** のように更新します。

表5-2　変換されたバグ分析

| バグ | コンポーネント | 回避できるか | 容易に自動化できるか | 何によって引き起こされるか |
|---|---|---|---|---|
| A1 | フロントエンド | はい | 作業中 | サーバーから送られてくるチェックされていない未定義の値 |
| A2 | バックエンド | はい | はい | データ型が API に適合していなかった |
| A3 | 実データとの統合 | はい | はい | コーナーケースとしての実データ形式 |
| A4 | 統合 | はい | いいえ | 後方互換性の問題 |

ここで示したように、システムには定期的にさまざまな問題が持ち込まれます。メインラインに入れる前にローカル環境でプライベートビルドを実行し、不安定なコードがメインラインに入らないようにすることで、その数を削減できます。どのチームに所属していても、私の経験に基づけば、自分の担当しているフィーチャーの少なくとも一部が動作し、全体が壊れないことを確認するには、自分自身のビルドで実行する方が効率的です。

## 5.6 ケーススタディ：ブロックされたコンサルタント会社

あるコンサルタント会社が、新しい方法論を取り入れ、自動化を推進している大手ソフトウェア会社 B 社と仕事をしています。B 社の社内 DevOps チームは、複雑でまだ構築中であるデリバリーパイプラインの自動化を進めています。

コンサルタント会社の開発チームはフィーチャーを提供し始めますが、テスト環境をデプロイする自動化は不安定な状態です。コードをチェックインしたときに、テスト環境のデプロイがうまくいかないことがよくあります。その上、統合時の問題をデバッグする手段もありません。

B 社の社内 DevOps チームとの話し合いの中で、コンサルタント会社の開発チームは次のような問題を発見します。

- テストデータが変更されている。
- データベースのマイグレーションを実行する仕組みが一時的に停止している。
- バックエンドが稼働しているコンテナが再起動を繰り返している。
- 他のコンポーネントが依存しているコンポーネントが、別のクラウドシステムに移行するために一時的に利用できなくなっている。

最初の開発イテレーションで、開発チームは思うように機能を追加できませんでした。2 回目のイテレーションにあたって、開発チームは専用のテスト環境の提供を B 社に要求します。

この要求は何事もなく受け入れられます。しかし、この要求は、B 社の社内 DevOps チームのスケジュールと干渉します。B 社の社内 DevOps チームは、社内の官僚主義を批判しつつ、新しい環境の構築には 2 週間かかると見積もります。一方で、開発チームは自分たちの障壁を取り除く方法がないため、単体テストと統合テストだけを行い、フィーチャーのデリバリーを始めます。

コンサルタント会社の開発チームが最初のイテレーションを完了すると、B 社の社内関係者から、デリバリーしたフィーチャー、特にエッジケースの欠陥について不満が聞こえてきます。さらに、他のサービスとの統合に影響する致命的なバグも見つかります。開発チームは、これらの問題を防ぐためにコンポーネントテストや API への契約テストを行うものの、忙しすぎるため社内の DevOps チームはそれをパイプラインには統合できません。

2 回目のイテレーションの間に API テストは書かれましたが、依然としてパイプライン上では実行されていません。デリバリー速度と品質という面では、依然として非効率なままです。修正しても保証がほとんどないという点で、1 回目のイテレーションと何も変わっていません。開発チームは、真の問題を発見し、可能な解決策を検討するために、全体的な分析を行うことを決定します。

B 社の現実がすぐに変わるとは思えないので、暫定的な対策が必要です。チームは、API テストがパイプライン上で実行されないまま放置されている状況を容認します。そして、更新の**前後に**すべての API テストをローカルマシンで**手動**で実行し始めることにします。

自分たちが制御できない自動化には頼らないというこの判断は、チームをローカル環境へと戻します。つまりプライベートビルドを行うということです。繰り返しになりますが、チームはテストの実行をすぐに自動化することを自分たちに課しています。今のところは、このやり方で難を逃れると判断したわけです。ただ、依然として統合のバグや機能的なエッジケースは、手動で検証を行うスコープには入っていません。

プライベートビルドが最善の方法であると確信したチームは、残りの検証にも同じ原則を適用することにしました。問題は、アプリケーションが外部サービスに依存していることです。チームは、アプリケーションを確実にテストできるように、その外部サービスの**レプリカ**を構築することにしました。

3 回目のイテレーションで開発チームは、自動化に頼ることなく、すべての処置をローカル環境で確認します。おかげで、チームはより速く、より効果的な修正を行え、ブロッカーを管理する代わりに検証の自動化に時間を費やすことができました。

結論として、このチームは、ローカル開発環境での検証に焦点を戻すことで、期待される速度と信頼性を達成できました。

## 5.7 メトリクス

これら 2 つのケーススタディでは、チームはローカル環境を強化することで問題に対処しました。それぞれのチームは、「自分たちの責任ではない」と主張することもできた手動テストに時間を費やすなど、多くの妥協を受け入れました。その中でチームが**暗黙のうちに**評価していたもの、それがメトリクスです。

よく知られているように、メトリクスには定性的なものと定量的なものがあります。また、メトリクスは対象に対して直接的にも間接的にもアプローチ可能です。この節では、開発フローを評価する際に考慮すべきいくつかのメトリクスを提案します。

### 5.7.1 フィードバックまでの時間

単位：定性的

タイプ：間接的

計測対象：コストと市場投入までの時間

**フィードバックまでの時間**は、新しいフィーチャーの実装に対するフィードバックを受け取るために必要な時間と労力を計測するメトリクスです。特定の状況に依存しないと定量化が難しいため、これは定性的なメトリクスです。実際には、フィードバックに単に時間がかかりすぎる（自動化の仕組みが遅い）状況もあれば、正式なフィードバックを受ける適切な人を見つけるのが問題になるケースもあります。

機能に関するフィードバックには、統合の問題に焦点を当てるものや機能的な検証に関連するものなど、さまざまな種類があります。フィードバックは、ステークホルダー、API 利用者、エンドユーザーから得られることがあります。経験則として、開発チームは、自分たちの活動を妨げる統合や QA などのフィードバックを優先して検討すべきです。

**フィードバックまでの時間**は間接的なメトリクスです。問題を警告はできるものの、その根本的な原因についての深いインサイト[†7]は得られません。機能に関するフィードバックのサイクルが長いということは、プロセスに何か問題があることを意味します。ですが、具体的に何が問題なのかをこのメトリクスは示しません。

最初のケーススタディの A 社では、統合フィードバックを探していた QA メンバーが、回避可能な問題の受け取りに圧倒されてしまいました。当時のチームは、作業に対するフィードバックを迅速に受け取れず、それがトランクの不安定化につなが

†7　訳注：現実のデータから導き出された見解や結論、または学んだこと。

りました。B 社の事例では、フィードバックサイクルが完全に委譲されていたため、日常業務に支障をきたしていました。

### 5.7.2 イテレーションあたりのデプロイされたアプリケーションにおける回避可能な統合課題の数

単位：定量的

タイプ：間接的

計測対象：内部品質管理プロセス

このメトリクスは、デプロイされたソフトウェアにおける各イテレーションで発見された回避可能な課題（自動または手動検証によるプライベートビルド中に容易に検出できた問題）を集計します。数値が低いか減少している場合は、プロセスがより成熟しており、アプリケーションがデプロイされる前に統合バグをうまく発見できていることを示します。

より古典的なメトリクスは、**QA で発見されたバグの数**です。しかし、ここでの違いは、問題を分類するための閾値にあります。一般に、プライベートビルドは、完全で完璧な検証と考えるべきではありません。

良いルールとしては、API の契約テストや、重要な横断的機能領域（ログインなど）、あるいは変更の影響を受けた機能領域に関するハッピーパステストのチェックを受け入れることです。このメトリクスは間接的なもので、チームの特定の部分に影響するのか、チーム全体に影響するのかを分析する必要があるからです。

### 5.7.3 イテレーションあたりのトランクの安定性回復に費やした時間

単位：定量的

タイプ：直接的

尺度：コードベースの安定性とそれを維持するチームの能力

ここでいう**トランクの安定性**とは、コードベースのメインラインが安定した（そこそこ動く）状態を意味します。トランクが不安定なときには、多くの場合、アップデート（Git の pull）がローカル環境のアプリケーションの機能を壊します。

このメトリクスは、変更を反映した環境でプライベートビルドを実行したときに見つかった問題の修正に費やされたデバッグ時間を計測します。また、既存機能の不具合修正に費やされた時間も含まれます。不具合がトランクに入るのを防ぐことでトランクの安定性を確保したり、不具合を継続的に修正することでトランクの安定性を回復したりできます。このメトリクスは、安定性を**回復する**ために必要な労力を計測することを目的としています。

これは、フィーチャーが増えない活動に費やされた時間（したがってコスト）を計測するため、**直接的な**メトリクスです。**総デバッグ時間**や**バグ数**のようなメトリクスとは対照的に、ローカルのプライベートビルドにおけるリグレッションの有効性を具体的に計測します。一般的なリグレッションバグに関するメトリクスとは異なり、開発中にトランクを安定させるために費やされた時間を考慮に入れています。

このメトリクスの結果は、ローカルのプライベートビルドの実行における規律の欠如を示すかもしれません。これは、ローカルの開発環境が標準化されていなかったり、開発者が十分に理解していなかったりする場合に起こり得ます。また、テストの自動化の欠如を示す可能性もあります。

最後に、トランクの安定性は、安定したバージョンやリリースを達成するために必要な努力の量に、直接的に大きな影響を与えます。結局のところ、トランクの安定性は、継続的にデプロイ可能なソフトウェアを可能にする要因の一つなのです。

### 5.7.4　プライベートビルドのコスト

検証の中でローカル環境を復権させることに対する開発者の最初の反対意見は、生産性とチェックイン頻度への影響です。

それはもっともな意見です。しかし、私がここで言いたいのは、プライベートビルドの実行にかかる労力は、継続的なトランクの安定化、QA とのやり取り、チケット管理などにかかるコストに比べれば、**まだ**はるかに少ないということです。というのも、広く文書化されているように、欠陥が混入してから検出されるまでに時間がかかればかかるほど、修正コストは指数関数的に上昇するからです。さらに、手作業による統合検証は**一時的**なものであるべきでもあります。チーム全体は、プライベートビルド中に繰り返し行うことになる作業を自動化することに、速やかにコミットすべきです。（一時的な）手動テストフェーズは、シンプルで的を絞った「スモークテスト」に近づけるべきであり、可能な限り安価で簡単に行えるように最適化すべきです。

## 5.8 メトリクスの実践

本章の最後の節では、前節で提案したメトリクスをどのように解釈するか、いくつかの例を示します。

### 5.8.1 フィードバックまでの時間が長い、回避可能な統合課題の数が多い、トランクが安定するまでの時間が短い

これは、この節の組み合わせの中で最も一般的なものです。**回避可能な統合課題**メトリクスと**フィードバックまでの時間**メトリクスを組み合わせることで、多くの場合、根本原因を推測できます。実際、**回避可能な統合課題**の数が多い場合には、ほとんどの検証が自動化とQAで行われていると考えられます。そのことは、フィードバックまでの時間が長いという結果を裏付けています。**トランクの安定性回復**に費やす時間が短いのは、**回避可能な統合課題**の数が多いことと相関しており、ローカル環境で検出できるような軽微なバグがトランクにチェックインされてしまっていることを示しています。

根本原因を明らかにするには、例えば次のことを試してみましょう。

- 報告された統合問題の「回避可能性」を、例えばふりかえりの場で分析する。
- チームの全員が、ローカル環境で完全なテストを実行できることを確認する。
- チェックイン前に（手動または自動で）実行する一連の最小限の機能テストをチームで共有する。
- 規律を持ってプライベートビルドを実行するようにチームに求める。
- イテレーションを回す。

### 5.8.2 フィードバックまでの時間が短い、回避可能な統合課題の数が多い、トランクが安定するまでの時間が短い

**フィードバックまでの時間**は定性的なメトリクスのため、偏りがあることもあります。**回避可能な統合課題**の数が多い場合には、その可能性が高いです。もしそうであれば、状況は一つ前のものと同様です。

そうした状況は、QAチームのメンバーがとても効率的に仕事をこなしており、残

りのメンバーのローカル環境での検証の非効率性をカバーしている場合にも起こり得ます。その場合は、残りのメンバーの仕事の仕方を見直すようにしましょう。

### 5.8.3　フィードバックまでの時間が長い、回避可能な統合課題の数が少ない、トランクが安定するまでの時間が短い

**フィードバックまでの時間**は間接的なメトリクスのため、さらなる分析が必要です。**回避可能な統合課題**の数の少ないことと、**トランクの安定性回復**にかかる時間が短いことは、まったく逆の状況を示唆している可能性があります。

1つ目に考えられる状況は、QAプロセスが十分でないために、デリバリープロセスの非常に遅い段階でバグが発見されているという可能性です。これは、QAのプロセスが非効率的であるか、自動化が遅いか存在しないか、またはその両方が原因である可能性があります。原因の特定には、顧客満足度やイテレーションごとに導入されるバグの数など、他のメトリクスを調べる必要があります。

2つ目に考えられる状況は、適切なプロセスが導入されてトランクは安定しているものの、官僚主義、DevOpsチームのスケジュール、QAチームの過負荷などが自動化やQAフィードバックの遅れの原因になっているというものです。トランクは開発チームによってすでに効率よく安定的に維持されているので、この状況へは、開発チーム、DevOpsチーム、QAチーム間の障壁を迅速に取り除くことで対処します。

### 5.8.4　回避可能な統合課題の数が少なく、トランクが安定するまでの時間が長い

この状況が多く発生するのは、多くのバグがトランクに混入されているにもかかわらず、統合環境やQA環境に現れない場合です。その原因としては、バグ修正に多くの時間を費やしているチームメンバーがいる一方で、プライベートビルドの実行に積極的でないメンバーがいたり、プライベートビルドがきちんと実施されていないことが考えられます。トランクを安定させようと取り組んでいるチーム内で、このような重大な不均衡が見られる場合には、チームのふりかえりプロセスを機能させて対処してください。

この組み合わせで**フィードバックまでの時間**に言及していないことを、不思議に思ったかもしれません。もし、**フィードバックまでの時間**が長い場合には、先ほど書

いたように、デリバリープロセスが非効率なものになっていないかを分析してください。

## 5.9 結論

現実世界のソフトウェア組織では、常にすべてのベストプラクティスが導入されているわけではありません。その理由は多岐にわたります。どう実装すればよいのかについて誤解があるのかもしれません。それらを採用するプロセスが未完了であるかもしれません。あるいは、組織にとってそれが単にそれほど高い優先事項ではないのかもしれません。

本章では、ベストプラクティスとして捉えた DevOps 文化が、開発チームにうまく統合されていない状況に特に焦点を当てました。それは、チームの生産性、ひいては品質保証に悪影響を及ぼします。このような場合、自動化チームと開発チームを分離することで生じる非効率やリスクを補うのが重要です。

多くのチームが新しい方法論やベストプラクティスの適応に失敗するのは、何がうまくいっていないかを分からずに、やり方を変えようとするからです。状況を理解してこそ、改善を施し、結果を出せるのです。

本章におけるメトリクス研究のポイントは、オーナーシップシフトの問題があるかを**検出**し、プロセスの弱い部分に**選択的**に対処することです。ソフトウェアアーキテクチャでは通常、システムの「静的」または「実行時」の特性を計測します。ですが、本章では、（設計や計測プロセスとは異なる）ソフトウェア構築時の**プロセス**に関するメトリクスに焦点を当てました。定期的に壊れるシステムのアーキテクチャ特性を評価しようとすると、間違った結論に至る可能性があります。これが、トランクの安定性を制御することがソフトウェア開発で優先されるべき理由です。

プライベートビルドは、効率と品質をしっかりと維持しながら、チームによる統合作業をうまく行っていくのに重要なツールです。プライベートビルドを実践することで、後で見つかると非効率でリスクが高くコストもかかるバグや欠陥、とりわけ異なるソフトウェアコンポーネントを統合する際のバグや欠陥が、共有のメインラインに入る可能性を最小限に抑えられます。

プライベートビルドは、それ自体よく知られたベストプラクティスですが、自動化や検証が開発チームから切り離されている場合には、とりわけ重要になります。ローカル環境に権限を与えることで、動作するソフトウェアを提供するという責任を開発チームに戻せます。ローカルでプライベートビルドを実行し、メトリクスに細心の注意を払うことで、たとえ最適でない状況であっても、納品サイクルの短縮、開発プロセスの低コスト化、そしてソフトウェア品質の向上が可能になります。

# 6章
# 組織のスケーリング：ソフトウェアアーキテクチャの中心的役割

João Rosa

私は、**ソシオテクニカルシステム**[†1]と複雑系理論[†2]の研究者です。心はソフトウェアエンジニアでありつつも、人と技術、そして根底にあるプロセスが交差するところ、すなわちソシオテクニカルシステムから生じる難題に魅了されています。自分が属するシステムに貢献し、良い影響を与えられたなら、私は毎日をいきいきと過ごせます。CTO（最高技術責任者）やCPTO（最高プロダクト技術責任者）は、ソシオテクニカルシステムを理解し貢献することで、周囲の人々やチームがそれぞれの専門分野で卓越した能力を発揮できるようになると信じています。

私は、ソフトウェアエンジニア、マネージャー、ソフトウェアアーキテクト、コンサルタント、CTOなど、さまざまな職務を経験することで、ソフトウェアアーキテクチャの実践を積み重ねてきました。得意とするのは、人々の生活に変化をもたらすようなデジタル企業に貢献することです。具体的には、主にスケールアップ企業、つまり自社プロダクトが市場に受け入れられ、複数の市場へのスケールアップやプロダクトの立ち上げを検討している組織と仕事をしています。私は本章をCTOの目線から書いています。つまり、目標への進捗をどのように計測するかということを戦略実行の視点から説明します。それにより、ソフトウェアアーキテクチャやメトリク

†1　訳注：組織開発において、複雑な組織作業の遂行を人（social）と技術（technical）の相互作用によるシステムとして設計するアプローチを指します。

†2　訳注：複雑系（多くの要素が複雑に絡み合って成り立っているシステム）に関する研究分野。

スの概念を、それらが影響を及ぼす事物と結び付けられます。この包括的なアプローチは、組織全体が一貫した体験を提供することを可能にします。従業員が組織の決定を理解できるようになり、その活動は、絶えず変化するソフトウェアアーキテクチャ（本章を読めば分かる通り、アーキテクチャとは静的なものではありません）により支えられるようになります。本章がそうした取り組みのヒントになれば幸いです。本章では、架空のキャラクターであるAnnaが、ソフトウェアアーキテクチャとメトリクスを結びつける旅を書いていきます。コンテキストはそれぞれの環境で異なるものですから、詳細な進め方を押し付ける意図はありません。むしろ、適したメトリクスを見つけ、計測し、アーキテクチャ上の決定に結びつけるためのアプローチを提供したいと考えています。

---

スケールアップ中である架空のフィンテック企業YourFinFreedom社のプロダクト開発部門に最近加わったシニアソフトウェアエンジニア、Annaを想像してみてください。プロダクト開発部門は、より速く、より良い品質を顧客に提供したいと考えています。Annaは、自分が会社になじみ、そのスキルが評価されていると感じています。

YourFinFreedomの目標は、欧州連合（EU）が最近制定したオープンバンキング法（https://oreil.ly/0FJKr）（第2次支払サービス指令、PSD2として知られる）を活用し、人々が最良のレートで金融サービスを受けられるようなサービスを作ることです。YourFinFreedomはベルギーに拠点を置き、他にオランダ、ルクセンブルクに顧客基盤を持っています。同社はEUの他の地域にも進出したいと考えており、フランス、ドイツ、イタリアといった欧州の主要国でのサービス提供を戦略としています。現在、YourFinFreedomのサービスは、可用性に問題があり、エンドユーザーからの苦情が発生しています。こうした問題は、会社が成功したことの影響を受けて生じているものです。

つまり、YourFinFreedomは今よりもサービスのレジリエンスを高め、より多くの金融業者とやりとりし、予測される需要に対応できるような拡張性を実現し、同時に機能改善を続けつつ、価値提供のスピードも向上させる必要があります。

---

YourFinFreedomの現状には、さまざまなビジネス要因が作用しています。そして、それらはYourFinFreedomのソフトウェアアーキテクチャにも影響を及ぼしています。もちろん、これは単純化した話です。現実には、それぞれの状況に対し、常に異なるビジネス要因が作用しています（**図6-1**参照）。

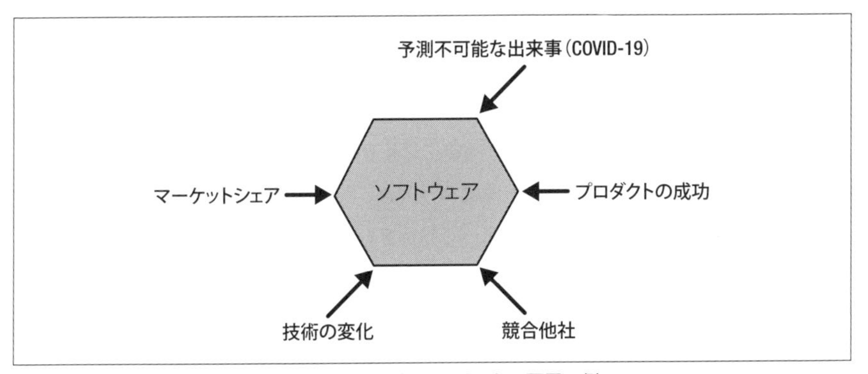


図6-1　ソフトウェアアーキテクチャに影響を与えるビジネス要因の例

キャリアを通じて私が学んだのは、ソフトウェアアーキテクチャは、企業の組織構造と、その中で人々がどのようにコミュニケーションを取るかという2つの側面を反映するということです。前者は明示的なもので、（通常は）会社の組織図に表されています。後者は暗黙的なもので、人々は多くの場合、自分の仕事、特にソフトウェアアーキテクチャにそれが及ぼす影響に気づいていません。意図が存在せず、解決すべき課題に向かって誘導されていない場合、ソフトウェアアーキテクチャは人々（つまりチームや部門）の組織やコミュニケーションのあり方を模倣することになります。この現象は、研究者 Mel Conway にちなんで、Conway の法則と呼ばれています。1968 年に発表された "How Do Committees Invent?" という論文の中で、コンウェイは、「（ここで使われる広義の）システムを設計する組織は、その組織のコミュニケーション構造のコピーである設計を生み出すよう制約される」と記しています[†3]。

## 6.1　YourFinFreedom 社の挑戦：モノリスを壊す

プロダクト開発部門の責任者である Keisha は、より良い品質のプロダクトをより迅速に提供するための最善の方法を、マイクロサービスアーキテクチャを採用することだと結論づけました。現在のアーキテクチャは、さまざまなフィーチャーや金融業者の統合によって長

†3　Melvin E. Conway, "How Do Committees Invent?" Datamation (April 1968): 31, https://oreil.ly/qFpIM.

年にわたって成長してきたモノリスです。これを新しいアーキテクチャスタイルへと移行するには、組織を3チームから10チームにスケールアップさせ、それぞれのチームが各々の領域に取り組めるようにします。Keishaは、このアプローチによって、新しく大きな欧州市場に参入するのに必要なスケーリングが可能になると確信しています。

アーキテクチャの移行に取り組み始めて数ヶ月後、Annaは新しいマイクロサービスアーキテクチャが会社のビジネスニーズに合っておらず、このプロジェクトが会社の市場機会を奪っているかもしれないと感じていました。彼女はこの疑問を上司のKeishaにぶつけますが、Keishaはこの計画を続けることに熱心で、Annaを説き伏せてきます。

---

多くのスケールアップ企業で観察される、2つの一般的なシナリオに焦点を当てていきます（**図6-2**）。まずモノリスの解体に着目し、次にマイクロサービスを理にかなった構造とすることに着目します。

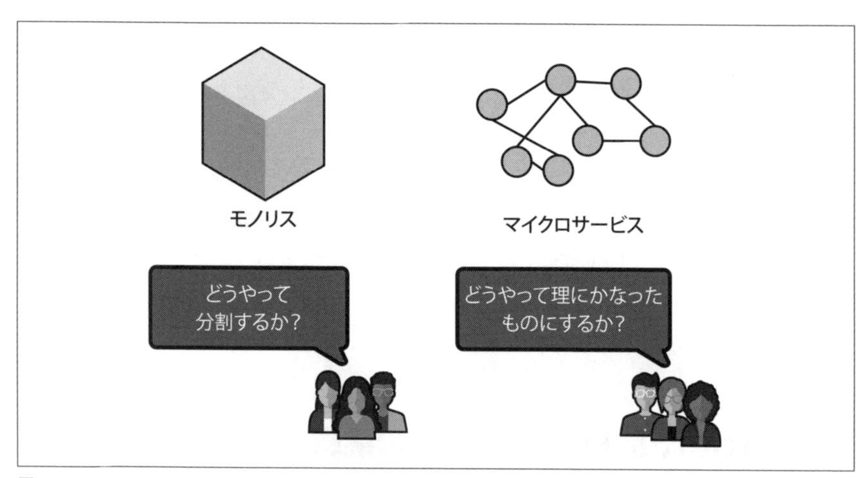


図6-2 モノリスとマイクロサービスの共通の課題

モノリスとマイクロサービスは、異なるアーキテクチャスタイルです。そのため、チームは集中型アーキテクチャ（モノリス）と分散したアーキテクチャ（マイクロサービス）の間でトレードオフを行うことになります。この選択は、プロダクトやサービスに不可欠なビジネスロジックをどのように集約するかに影響するため、ソフトウェアアーキテクチャに影響を与えます。

いずれのアーキテクチャも、正しく実装されてさえいれば、健全なものとなり得ます。しかし、ビジネス要因や技術的な流行への盲目的な追従など、さまざまな理由から、モノリスはアーキテクトが言うところの「**巨大な泥団子（big ball of mud）**」に、マイクロサービスは「**分散した巨大な泥団子（distributed big ball of mud）**」になりがちです（**図6-3**）。

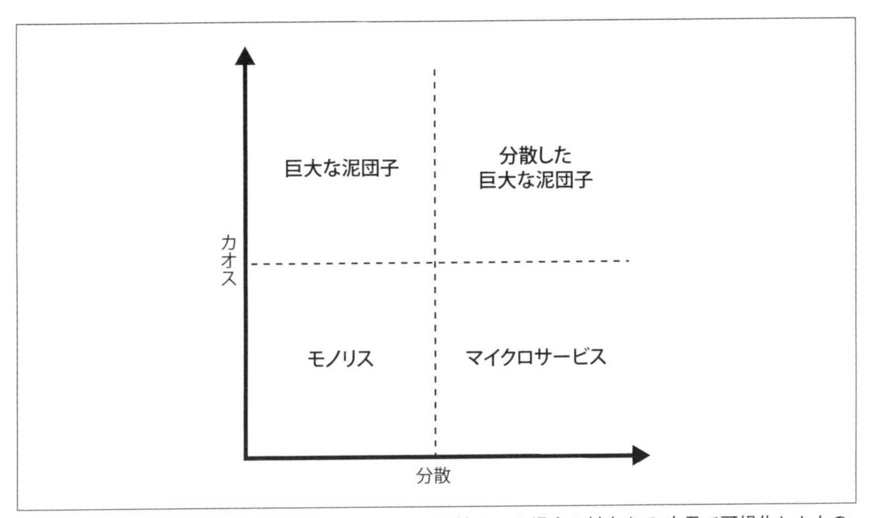


図6-3 2つのアーキテクチャスタイルとそれらが混沌とした場合の対応を2次元で可視化したもの

「巨大な泥団子」は、「でたらめに構築され、乱雑で無秩序、ダクトテープでつなぎ合わされたような、スパゲッティコードのジャングル」を指す用語として、1999年にBrian FooteとJoseph Yoderによって作られました[†4]。「分散した巨大な泥団子」は、「巨大な泥団子」に、ネットワーク上に分散していることによるさらなる複雑さがさらに加わったものになります。2つの例とその結果について説明しましょう。

モノリスアーキテクチャを採用している組織が、新しいフィーチャーをより早く市場に投入したいと考えた場合には、プロダクト開発チームを増強することになります。増員されたメンバーやチームは、既存の集中型アーキテクチャの上でさまざまなソリューションを試み始め、システムに**偶発的な複雑さ**を導入し、巨大な泥団子を作

†4 Brian Foote and Joseph Yoder, "Big Ball of Mud," The Laputan Press, June 26, 1999.

り出します。偶発的な複雑さとは、依存関係、可読性の低いコードや十分にテストされていないコード、筋の悪い構造化などの形でシステムに混入される複雑さのことを言います。これらは通常、プロダクト開発チームがさまざまなビジネス要因に追われるように作業するようになると発生します。偶発的な複雑さは、ソフトウェアの保守性、運用性、修正性に波及効果を及ぼし、最終的には、Frederick Brooksが『人月の神話』（丸善出版）[8]で指摘しているように、組織が新しいフィーチャーを迅速に市場に投入することを難しくします。

もう一方の、分散した巨大な泥団子には、マイクロサービスの網の目を理解しようとする人々やチームがいます。マイクロサービスは通常、解決しようとするビジネスの問題に対して過剰に設計されており、ビジネストランザクションを理解するために必要な**認知負荷**が人間の脳の容量を超えています。Matthew SkeltonとManuel Paisは、『チームトポロジー』（日本能率協会マネジメントセンター）[9]において、人の認知負荷を「人がある瞬間に脳に留めておける情報量の限界」と定義しています。同じことが、あらゆるチームにも当てはまります。チームの認知負荷の限界は、単にすべてのチームメンバーの認知能力を合計したものになります。

## 6.2 分散した巨大な泥団子となったマイクロサービス

1年後、YourFinFreedomは、モノリスの残骸を含む多数の異なるマイクロサービスを、10個のプロダクト開発チームで管理しています。しかし、新しいアーキテクチャは、より速く動作し、より良い品質を顧客に提供するという、当初の約束を果たしてはいません。チームは期待されるポテンシャルを発揮できず、主力プロダクトに常に問題が発生している状況です。

Annaは、Keishaをはじめとするプロダクト開発部門のマネジメントチームと話し合い、チームが直面している日々の困難について説明することにしました。その内容は次のようなものです。

- 特定領域の機能を本番稼働させるには、チームはマイクロサービス間のリリースオーケストレーションを行わなくてはならない。
- マイクロサービス間で機能の重複があり、チームがオーナーシップを持つのを困難にしている。
- チームは、思っていたようには生産的に働けていない。Anna は、部門の優先順位が常に変動しているため、多くの仕事が放棄されていると指摘している。
- 常にプロダクトに問題があるため、メンバーの士気が下がり、やる気も失われている。
- チームメンバーは、プロダクトの方向性や自分たちがどのように貢献できるかを理解できていない。

Anna は、アーキテクチャにメトリクスと明確な境界を導入するという解決案を提案します。それにより、会社の拡大という大きな目標に向けた、プロダクト開発チームへの方向性の提示やソフトウェアアーキテクチャの進化が可能になるというのが、Anna の主張です。

マネージャーたちは、Anna の率直なプレゼンテーションと提案された解決策に満足します。マイクロサービスへの移行が当初の約束を果たしていないのではないかと疑っていた彼らは、開始前にトレードオフを適切に評価していなかったことに気付きます。Keisha は Anna にこの難題にチャレンジしてもらうことにしました。Anna のエンジニアリングとリーダーシップのスキルを考慮し、彼女をソリューションアーキテクトのポジションに新たに昇格させることを検討します。この新しい役割で、Anna はプロダクト開発チーム主導のアーキテクチャへの取り組みを支援し、会社の技術的な状況全体に一貫性を持たせる旗振り役となります。Keisha は、昇格について Anna に打診します。

数日後、Anna は一つの条件とともに、Keisha の打診を受け入れました。その条件とは、課題を正確に理解するため、社内のすべての部門と自由に対話する権限を完全に持ちたいというものです。Keisha はそれに同意し、Anna はサポートされていることを実感します。彼女のキャリアの新しい章が今まさに始まったのです。

---

Anna の部署は今、分散した巨大な泥団子による苦しみを感じています。彼女たちが直面している障害は、偶発的な複雑さを持つアーキテクチャを反映しています。

YourFinFreedom は、**図6-4** の線 1 として描かれているような、モノリスからマイクロサービスへのアーキテクチャスタイルの移行を行うつもりでした。しかし、メトリクスによる明確な方向性が無いため、結局は線 2 に沿って進んでいます。その先にあるのは、分散した巨大な泥団子です。Anna はどうやって正しい方向に物事を戻し始められるのでしょうか？

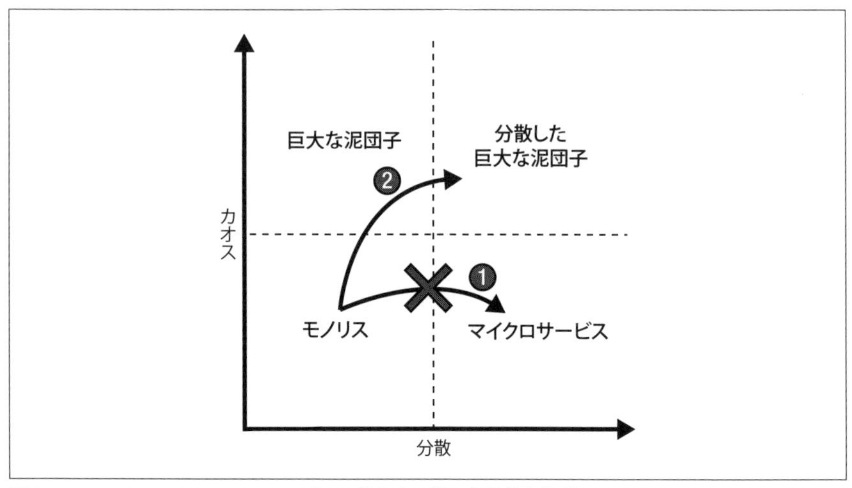


図6-4　モノリスからマイクロサービスへ移行する際の偶発的な複雑さ

## 6.3　方向性を模索する

---

Anna のソリューションアーキテクトへの昇格が発表されました。Anna は早速、仕事に取り掛かります。会社の方向性をより深く理解するために、彼女は業務に携わるあらゆる人たちと会話を始めます。彼女は同僚たちの日々の課題と、自分の部署が開発・維持しているソフトウェアの全体像が、どのように関係しているのかを知りたいと思っています。

会話の中で、彼女は、YourFinFreedom が最近、会社の KPI を「金融サービスを誰でも、どこでも利用できるようにする」というミッションに沿って見直したことを知ります。また、会社の最新情報から、経営陣が EBITDA（金利・税金・償却前利益）と顧客生涯価値（Life Time Value：LTV）に基づいた活動を展開していることも知りました。Anna は、会社の新しい KPI である月間アクティブユーザー数（Monthly Active Users：MAU）に興味を持ちました。MAU とは、1ヶ月間に何人のユーザーが会社のサービスやプロダクトに接したかを計測するものです。この KPI は、マーケティング、セールス、プロダクトの機能など、顧客を惹きつけるためのあらゆる取り組みからフィードバックサイクルを生み出します。この KPI がソフトウェアアーキテクチャとどのように関係するのかを Anna は考え始めます。

---

ソフトウェアは特定のコンテキスト内で複雑な問題を解決するために存在します。前述のように、Anna は YourFinFreedom が組織レベルの財務 KPI の他にも重要な KPI を持っていることを発見しました（**図6-5**）。実際、MAU のような KPI は、ソーシャルメディア企業や、市場へのモバイルファーストのアプローチを持つ企業で広く使用されています。スケールアップの文脈で、MAU はマーケティング、セールス、コールセンター、またはプロダクトやサービスの機能などを用いて、企業の成長を推進することを可能にします。

図6-5　YourFinFreedom の組織ミッションと KPI

組織のソフトウェアアーキテクチャは、そのミッションや KPI と結びついている必要があります。KPI が十分に定義されていなかったり、人々が KPI を理解していなかったりすると、ソフトウェアアーキテクチャと KPI とが互いに反目してしまいます。これは、コミュニケーションがソフトウェアアーキテクチャにどのような影響を与えるかを示すもので、コンウェイの法則の典型例になります。ソフトウェアアーキテクチャは、異なるソフトウェアコンポーネントの責任の間に境界を作り、それらの相互作用を定義するために存在します。ソフトウェアアーキテクチャは、組織や周囲の環境（技術、人、規制、市場など）の現在の制約を尊重すると同時に、ビジネスをよりアジャイルにするものでなければなりません。

## 6.4 ベストエフォートからインテンショナルエフォートへ

ステークホルダーの要求とプロダクトの現在のアーキテクチャの状態を振り返り、Annaはあるパターンに気づきます。誰もが「ベストエフォート（最善の努力）」で仕事をしており、ソフトウェアに対するすべての要求を可能な限り満たそうとしているのです。しかし、彼女は、ソフトウェアアーキテクチャに対する重要な捉え方がチームに欠けていることに気づきました。それは「決定をインテンショナル（意図的）に行うべき」ということです。

Annaは、他の人たちが様の問題にどのように取り組んでいるかを知るために、さまざまなソフトウェアコミュニティに参加します。彼女は、イベントストーミングについて学びます。**イベントストーミング**とは、ドメイン駆動設計のコミュニティで広く使われている「複雑なビジネスドメインをコラボレーティブに探索するための柔軟なワークショップ」[†5]です。イベントストーミングは、プロセスを可視化し、理にかなった境界とメトリクスを考えるために実施されます。まず、さまざまな責任範囲にまたがるコンテキストの全体像を整理するところから始め、次に、どのように活動しているかをさまざまなドメインの専門家に共有してもらうという流れで進めます。Annaは、このワークショップを試してみることに決め、進行の仕方を学びます。

Annaは、組織内のさまざまな領域から人々を集め、ビッグピクチャーイベントストーミングのワークショップ[†6]を開催します。参加者はビジネスイベントのフローと順序に注目し、仕事の種類が変わる場所やプロセスが終了する場所を示す境界線を作成します。現れたドメインとその境界がフローと共に可視化したものが、ワークショップのアウトプットとなります。

Annaが行ったワークショップでは、**図6-6**のようなアウトプットが作成されました。新たに現れたドメイン間の重要なドメインイベントは、小さな四角形で表されています。ソフ

---

†5 この定義は https://www.eventstorming.com の説明に基づきます。

†6 本章の範囲を超えるイベントストーミングプロセスの詳細な説明については、Alberto Brandolini の「Domain-Driven Design: The First 15 Years」（Leanpub, 2020）の中の「Discovering Bounded Contexts with EventStorming」P37〜53を参照してください。この他の視覚的なコラボレーション手法についてもっと学びたい方は、Kenny Baas-Schwegler と João Rosa 編の「Visual Collaboration Tools」（Leanpub, 2020）を参照してください。この本では、技術だけでなく、実践者の現場の話もカバーしています。

トウェア（およびソフトウェアアーキテクチャ）を作成する目的を理解するのが最優先であるため、Anna が示した最初のステップは、グループが各領域のビジネスロジックを特定することでした。

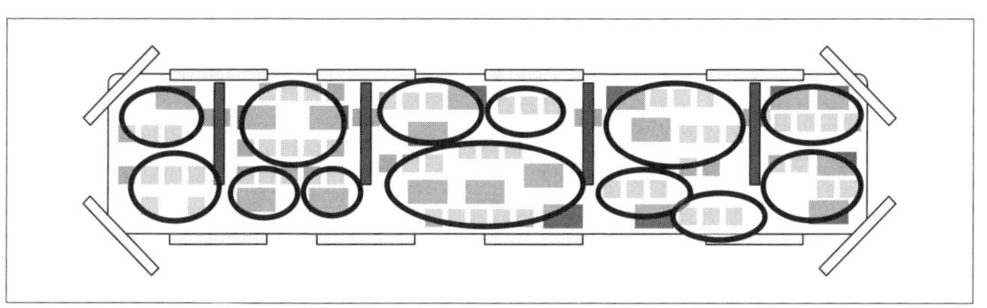

図6-6　現れたドメインが示されたビッグピクチャーイベントストーミングのアウトプット†7

ワークショップに参加したソフトウェアエンジニアの協力を得て、グループは現在のソフトウェアコンポーネントをビッグピクチャーイベントストーミングのアウトプットに対応付けます（**図6-7**）。作業を進めるうちに、プロセスと実装の間に不一致があることが明らかになり、ソフトウェアアーキテクチャが分散した巨大な泥団子になってしまった理由が分かりました。グループはまた、コンポーネントのオーナーシップも対応付けます。ここに至って、Anna は、チームの高い認知負荷がどこから来ているのかをはっきりと理解します。

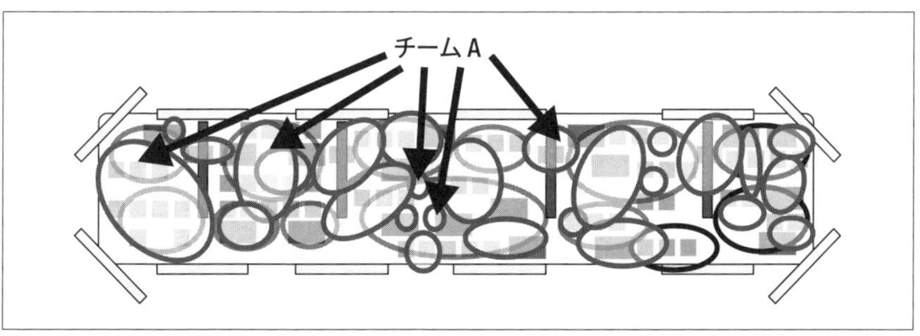


図6-7　ビッグピクチャーイベントストーミングワークショップで、現在のソフトウェアコンポーネントとその（単純化された）オーナーシップを、新たに出現した境界のあるコンテキストにマッピングする

†7　ソースクレジット：Brandolini, “Discovering Bounded Contexts with EventStorming.”

現れたドメイン上に現在のソフトウェアコンポーネント（マイクロサービス、モノリス、またはその中間）をマッピングすることで、グループは現状を評価し、YourFinFreedomがアーキテクチャを進化させるのがなぜ難しいのかを理解します。グループは、現れたドメインの上にあるソフトウェアコンポーネントを確認できます。また、それに加えて、どこがオーナーシップを持っているかも確認できます（**図6-7**では単純化し、チームAのオーナーシップのみを示しています）。これが整理されると、チームの認知負荷の理由を探れます。Annaは、オーナーシップが全体に散らばっていることが、どのチームにとっても困難なのだと理解します。それだと、ソフトウェアの構築・設計に、さまざまなドメインからの知識が必要となるからです。

このワークショップからは多くの学びが得られ、YourFinFreedomが顧客に価値を生み出すためにどう組織化されているかをグループで議論できました。業務に携わる人々は、現在のアーキテクチャとそれを取り巻く制約を理解し、ソフトウェアの開発と保守に携わる人々は、業務の詳細とソフトウェアがそれをどのように可能にするかを理解するようになりました。

Annaは、ワークショップを終える前に最後の一歩を踏み出そうとします。それは、会場に集まった知識を活用して、各ドメインのKPIをマッピングすることです（**図6-8**）。グループは喜んでそれをします。ドメインエキスパート達が、あるKPIがなぜ自分たちのドメインに関連するのかを説明します。さらに、以前は組織内に暗黙のうちにしか存在しなかった知識も共有します。全員がワークショップの結果に満足し、短時間で提供された情報量に驚いています。

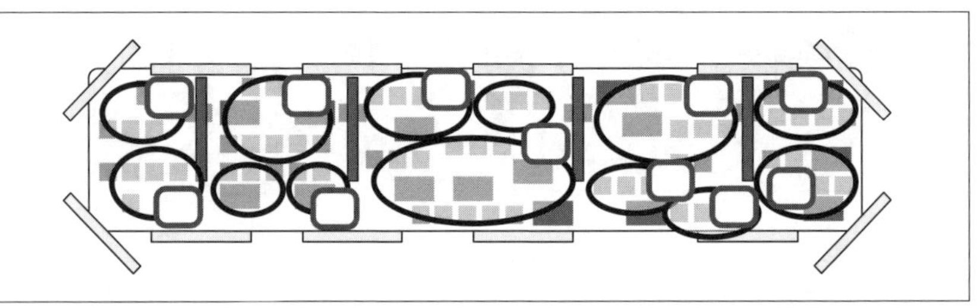

図6-8　ビッグピクチャーイベントストーミングワークショップにおけるドメインとKPIのマッピング

---

ビッグピクチャーイベントストーミングによって、組織がもともと認識していた全体像に加えて、特定のコンテキストや対処に必要な情報を明らかにできます。これにより、組織は、システムの現状や KPI やメトリクスの関連性についての重要な知識や考察を引き出せます。KPI やメトリクスをマッピングし、その目的について話し合うことで、組織のあらゆるレベルで強力な対話を繰り広げられるようになります。

別の例として、税務当局と港湾運送業者の間のインターフェイスを担うソフトウェアを開発している顧客との経験を紹介します。この企業では、カスタマーサポート担当者から税理士まで、さまざまな業務部門の人にビッグピクチャーイベントストーミングのワークショップに参加してもらい、業務間のやり取りも含む形で、会社の中で仕事の流れを可視化しました。その中でカスタマーサポートのドメインエキスパートが船舶取引の中で税務書類を修正するケースがあることを説明すると、税理士が「これは現地の法律と矛盾する」と警告しました。それが判明したおかげで、その企業はソフトウェアを修正でき、深刻な財務結果や法的結果が起きるリスクを回避できました。この可視化のおかげで、チームはバックログの優先順位をつけられるようになりました。EU と英国のインターフェイスに関わる Brexit の新ルール対応にチームが追われているタイミングだったため、これは決定的な瞬間となりました。

私は、ソフトウェアアーキテクチャは意図的に決定されるべきと考えています。意図的であるためには、仕事の流れを可視化し、目標達成のためにソフトウェアをどう使うかを考える必要があります。組織のミッションや KPI を調整することで、そのトレードオフのバランスを取りながら、ソフトウェアアーキテクチャを形成できます。

## 6.5 メトリクスによって意図的なソフトウェアアーキテクチャを導く

---

ワークショップが終わり、Anna は正しい方向を向くことができたと感じています。ですが、各プロセスを俯瞰的に眺めているだけでは前に進めません。ワークショップでは、いく

つかのホットスポット[†8]や、プロセスとソフトウェアアーキテクチャとの間にあるいくつかの不一致が浮き彫りになりました。Annaは自身の理解をもう一段深くすることに決めます。彼女は、KPIやホットスポット、バリューストリームの各ステップの詳細なビューとともに、あるドメインにおける一つのバリューストリームを明らかにしたいと考えています。それがあれば、各プロダクト開発チームと連携して、ソフトウェアアーキテクチャを改善し、組織のKPIと整合させる計画を立てられます。

Annaは、今度はプロセスモデリングイベントストーミングを用いた新しいワークショップを企画します。このワークショップでは、旅行保険ドメインにおける「旅行保険の見積もり依頼」業務のバリューストリームを詳しく調べることにしました[†9]。

---

これら2つのワークショップを用いて、ソフトウェアアーキテクチャをより意図に沿ったものにすることで、全体だけでなく部分についても理解できるようになります。このように、現在のプロセスを可視化し、そこに制約をマッピングしたものには、大きな価値があります。ほとんどの組織は、プロセスの詳細な図を持っていません（持っていたとしても、大抵は古くなっています）。イベントストーミングのようなビジュアルコラボレーション手法を使えば、みんなの頭の中にある集合知を可視化できます。

---

Annaは、現在のソフトウェアアーキテクチャを決定する前に、そのバリューストリームに関する主要なKPIを追加するようグループに求めます。すると、人によってKPIの定義が異なることが判明します。Annaは、この機会に合意形成を促し、KPIの定義を明確にしていきます。業務オペレーションとプロダクト開発の連携が取れることを実感し、グループの中に達成感が生まれていきます。

さらに一歩踏み込んで、Annaはプロセスモデリングイベントストーミングで現在のホットスポットをマップ化するようグループに求めます。彼女の目標は、さまざまな同僚が日々の業務で苦労していること、そして現在のソリューションがそれを使う人たちをどう支えて

†8 訳注：イベントストーミングでワークショップ中に議論が白熱した箇所に貼っておく付箋のこと。本章では、そこから転じて関係者間で意見の相違や対立がある箇所を指す言葉として使用。

†9 ビックピクチャーイベントストーミングからプロセスモデリングイベントストーミングへと進む中での、あるバリューストリームに焦点を当てて作成した図の例をオンラインで参照可能です（https://oreil.ly/Vc4y5）。

いるか、あるいはどのような制約を課しているかを理解することです。彼女は課題に気づき、ソフトウェアアーキテクチャと分析対象のバリューストリームとの不一致を詳細に把握するようになります。最後に、YourFinFreedomがどのように顧客に価値を提供し、どのように収益を上げているかが見えてきます。「旅行保険の見積もり依頼」において、YourFinFreedomは有効化された保険証券ごとに手数料を受け取るため、有効化される保険証券数を最大化しようとします。顧客の視点に立つと、旅行保険のプロセスはできるだけシームレスであるべきで、最良の価格と保険内容を提供する必要があります。

---

プロセスモデリングイベントストーミングの中でKPIをマッピングすると、バリューストリームの中で何が最も重要で、組織がどのように価値を計測することにしたのかについて詳しく理解できます[†10]。その価値は顧客と組織のどちらか、または両方に対してもたらされるものです。このレベルの詳細になってきたときには、「会社はどこでお金を稼ぐのか？」と尋ねるのがお勧めです。ソフトウェアを作成する際にビジネスモデルを理解することは極めて重要であり、ソフトウェアアーキテクチャは価値創造を促進すべきです。

KPIを理解し、その定義を明確にするのに時間をかけるのは、極めて重要です。このような会話には時間がかかるため、1回のセッションでは足りない可能性があります。Annaの事例の通りに話は進まないかもしれません。私自身もキャリアの初期に「情報を鵜呑みにしてはならない」「厄介な質問を避けてはならない」という厳しい教訓を学びました。「急がば回れ」は、私が学んだ経験則の一つです。この文脈でいうなら、KPI、つまりソフトウェアが動作する必要のある環境を深く理解するために投資した時間が、ソフトウェアアーキテクチャを作成するときに報われることを意味しています。

ホットスポットも同じように考えます。システムを利用する人にとって、現在どのような課題があるのか。ホットスポットを分析することは、どこに**ムダ**があるのかを理解することにもつながります。リーン方式、特にトヨタ生産方式では、ムダを「物を造る場合の理想的な状態は、機械、設備、人などが全くムダなく付加価値を高めるだけの働きをしている」[†11]と定義しています。ムダはプロセスの効率に関係し、顧

---

†10 KPIとホットスポットが示されたプロセスモデリングイベントストーミングの出力例は、オンラインで参照可能です（https://oreil.ly/IIVUI）。

†11 “Toyota Production System,” Toyota, accessed March 30, 2022, https://oreil.ly/pLnAp.

客に提供する価値に現れます。Nawras Skhmot は、トヨタ生産方式では、**図6-9** に示すように、8つのムダ[†12]を識別していると記しています。

図6-9 8つのムダ[†13]

リーンの詳細については、本章の範囲外になります。しかし、アーキテクチャ上の決定でトレードオフを評価する際に、意図を見失わないようにするツールの一つとして、リーンの原則を用いることを強く推奨します。リーンの原則を用いることで、会社のミッションを実現し、その目標をサポートするために、アーキテクチャの境界をどこに置くかが導かれます。

---

次に、Anna はドメイン分解の作業をリードします。グループは、旅行保険ドメインの成果と目標について議論し、次に目標を分解して、KPI がどのようにメトリクスに変換される

---

†12 訳注：正しくは、トヨタ生産方式で定義されたのは「スキルのムダ」を除く7つのムダ。「スキルのムダ」は、リーンマネジメントにより追加されました。

†13 Nawras Skhmot, "The 8 Wastes of Lean," The Lean Way, August 5, 2017, https://oreil.ly/vCCY5.

かを確認します（**図6-10**）。全員が自分の仕事がどのように関連しているかを明確に把握し、プロダクト開発チームはこのドメインで何が重要かを理解します。これで、Anna はパズルの最後のピースを手に入れたことになります。これで彼女は、ソフトウェアアーキテクチャの改善を後押ししていけるようになりました。

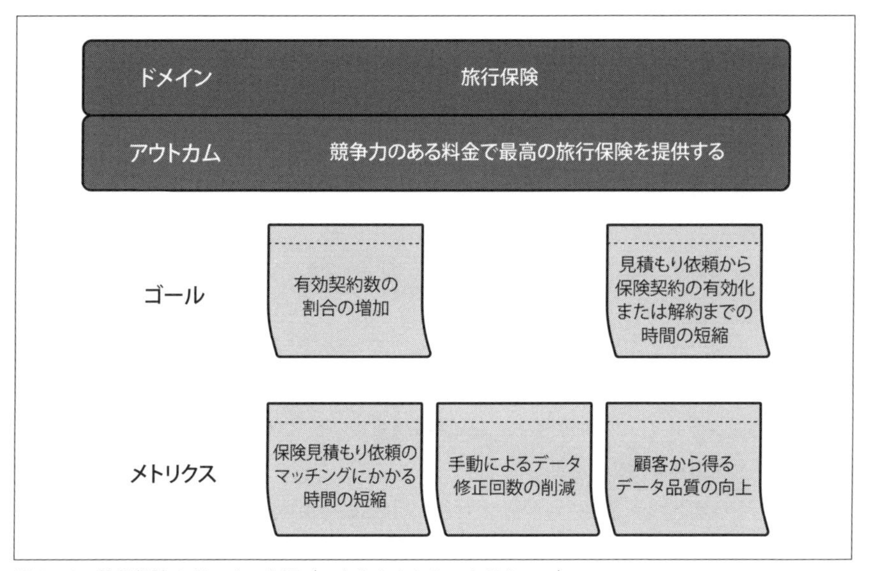


図6-10　旅行保険のドメイン分解（アウトカムからメトリクスへ）

---

ドメインに関する情報を、アウトカムからゴールやメトリクスに分解することで、その目的や意図についてより詳細な情報が得られます。ゴールとメトリクスは、時間の経過、そしてソフトウェアアーキテクチャとともに、さまざまな範囲で変化します。アーキテクチャが変わると、メトリクスはより頻繁に変化し、そしてゴールはよりゆっくりと変化します。ここでも、ビジネス要因が重要な役割を果たします。メトリクスはゴールよりもソフトウェアアーキテクチャに近いですが、ゴールはメトリクスのための指針を提供します。

また、メトリクスを**適応度関数**として実装することも可能です。適応度関数とは書籍『進化的アーキテクチャ』[4] の中で紹介された考え方です。著者らは、アーキテクチャ適応度関数を「あるアーキテクチャ特性の客観的な完全性評価を提供する」ものと定義しています[†14]。

---

Anna と旅行保険分野を担当するプロダクト開発チームは、手元にあるすべての情報をもとに、計画を練り始めます。Anna らは中央顧客情報マイクロサービスについて点検します。すると、中央顧客情報マイクロサービスが実際にはまったく「マイクロ」ではないことに気づきます。中央顧客情報サービスは、利用した金融サービスを含むすべての顧客情報を保持するサービスです。そして、アーキテクチャ上、旅行保険契約サービスと密に絡み合っています。旅行保険契約サービスは、中央顧客情報サービスとは別のプロダクト開発チームが担当していますが、リリースオーケストレーションで中央顧客情報サービスに依存しています。

このグループは、一連の実験を計画します。グループは、3 つの質問の答えを求めています。

- 自己完結型のサービスで旅行保険契約を管理できるか？
- 旅行保険ドメインの範囲内で、中央顧客情報サービスへの依存関係を旅行保険契約サービスに移すために必要な労力は？
- 旅行保険契約情報を中央顧客情報サービスから旅行保険契約サービスに移すために必要な労力は？

チームは、アウトカムを検証する一連のステップとして、最初の実験を詳細に計画します。チームは、顧客の旅行保険契約を保有する自己完結型のサービスを作成する予定です。このサービスは、現在の中央顧客情報サービスのプロキシになります。新しい旅行保険見積り依頼は、旅行保険契約と中央顧客情報サービスの両方に保存されます。目標は、旅行保険契約サービスが情報を確実に保存できることを証明することです。

すべての実験が成功したなら、旅行保険契約サービスを旅行保険ドメインの信頼できる唯一の情報源とし、中央の顧客情報サービスへの依存を取り除こうと、チームは考えます。ワークショップで抽出された情報と共に、チームは追加のメトリクスを決定します。アーキテクチャの変更を導き、方向性を証明するメトリクスとしてチームが選んだのは、デプロイ

---

†14 『進化的アーキテクチャ』の「2 章 適応度関数」に記載。詳しくは 2 章と 8 章を参照してください。

頻度と変更時の障害率です。仮説は、旅行保険契約サービスを作成し、中央顧客情報サービスの旅行保険ロジックを移動することで、次のことが実現するというものです。(1) 中央顧客情報サービスにおけるデプロイ頻度の増加、(2) 変更時の障害率の減少。また、仮説には、プロダクト開発チームの自主性を促進すべきソフトウェアアーキテクチャの境界の再定義が含まれています。

すべての情報を結びつけるために、Anna は KPI バリューツリーを使って、組織 KPI やドメイン KPI と、それらをサポートするメトリクスの結びつきを視覚化しました。彼女は YourFinFreedom でのキャリアで初めて、ミッションからプロダクト開発の取り組みに至る、会社の全容を把握できました。

---

**図6-11** の KPI バリューツリーは 3 つのレベルを持っています。第 1 レベルは組織 KPI、第 2 レベルはドメイン KPI、第 3 レベルはメトリクスで構成されています。見ていただくと分かるとおり、組織的 KPI は広範で、会社の健全性を計測するものです。ほとんどの場合、EBITDA や顧客生涯価値といった財務結果に結びつきますが、時には月間アクティブユーザーのようなエンドユーザーに焦点を当てたメトリクスも含まれます。このレベルでは、KPI は**遅行指標**です。遅行指標があれば、KPI を使って過去を振り返り、自分たちの行動が意図した結果をもたらしたかどうかを確認できます。

第 2 レベルは、「旅行保険」の領域に焦点を絞ったものです。その KPI は、有効化された保険の割合を増やすこと、見積もり依頼から保険が有効化またはキャンセルされるまでの時間を短縮することです。これらの KPI は、遅行指標[†15]でもあります。

第 3 レベルには、メトリクスが含まれます。メトリクスは遅行指標になり得ますが、**先行指標**でもあります。つまり、意図したアクションが期待される結果をもたらすことを強く予測するものです。この例では、遅行指標は、保険見積もり依頼のマッチングを見つけるまでの時間の短縮、手動データ修正の回数の減少、顧客から得るデータ品質の向上です。先行指標は、デプロイ頻度と変更時の障害率になります。

KPI バリューツリーは、その時点でのスナップショットです。人生と同じように、ビジネスにおいても、変化しないものなどありません。そのため、KPI バリューツ

---

†15 訳注：遅行指標とは、ある活動の結果として後からついてくる指標のこと。先行指標とは、遅行指標につながることが見込まれる、先に現れる指標のこと。

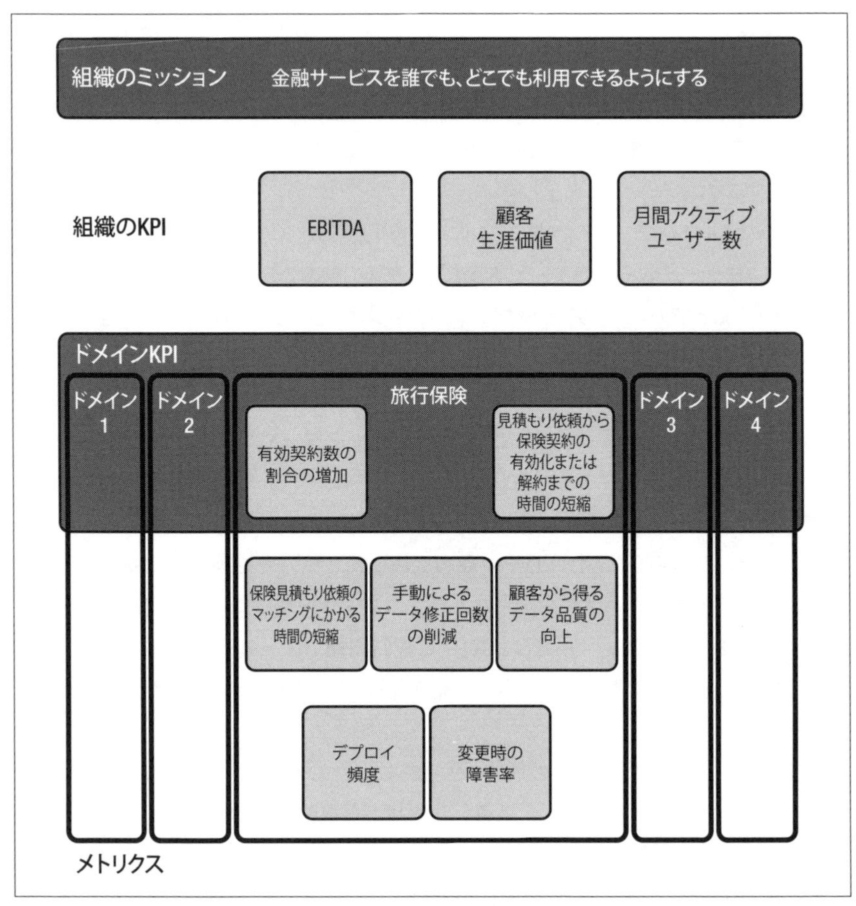


図6-11　最初のワークショップの後の YourFinFreedom KPI バリューツリー

リーは、KPI やメトリクスがどれほど有用であるかを継続的に議論しながら、更新させていく必要があります。特にプロダクト開発を進めていく上では、継続的に議論し、必要に応じて調整することが重要です。

企業の規模が拡大すると、周囲のビジネス環境は変化し、関連する技術も変化します。これらの変化は、必然的にソフトウェアアーキテクチャに影響を及ぼします。どの段階においても、現在の制約条件（技術、人材、規制、市場など）に合わせて、KPI やメトリクスなどのデータに基づくソリューションを作成する必要があります。

グッドハートの法則によると「指標が目標になったとき、それは良い指標でなくなる」とされています。**KPIやメトリクスは目標ではなく、ガイドや促進効果を狙うものであるべき**です[†16]。KPIやメトリクスによって行動を規定しないようにしましょう。経験上、「KPI Xや指標Zを達成できていない」というようなことを人々が言い始めたら、KPIが目標として使われていることを示す兆候です。目標が必要なら、それはそれでいいのですが、KPIやメトリクスといった用語は使わないようにしましょう。

この点について、ソフトウェアアーキテクトは、サービスレベルアグリーメント（Service-Level Agreement：SLA）を扱うサイトリライアビリティエンジニアリング（Site Reliability Engineering：SRE）コミュニティから学ぶことができます。SLAとは、特定のサービスやベンダーから期待されるサービスのレベルを、法的な契約書に明記したものです。そのレベルが満たされない場合、サプライヤーには通常、金銭的な影響が生じます。あなたのチームがSLAのあるソフトウェアをサポートする場合、あなたのチームが目標を持つことは非常に理にかなっています。そのような状況では、KPI、メトリクス、ターゲットを視覚化し、それらがどのようにつながっているかを考えるのが有効です。

Nicole Forsgren、Jez Humble、Gene Kimによる『LeanとDevOpsの科学』[1]は、ソフトウェアアーキテクチャやソフトウェアエンジニアリングの領域全体に大きな影響を与えました。特に、同書が提唱する、**変更のリードタイム、デプロイの頻度、変更時の障害率、サービス復旧時間**という、ソフトウェアデリバリーと運用パフォーマンスの4つのメトリクス（**図6-12**）は、現在広く利用されています。これらは、速度と安定性を示す代表的なメトリクスです。著者らの調査によると、これら4つの技術的なメトリクスは、ハイパフォーマンスチームに共通するものです。とはいえ、調査に協力したチームは、それぞれ別のコンテキストで働いていますし、プロダクト開発チームが使用できる、そして使用すべきメトリクスは他にも存在します。

適切な可観測性のプラクティスとツールが整っている場合には、平均検出時間メトリクスの使用も推奨します。**平均検出時間（Mean Time to Discover：MTTD）**[†17]とは、ITインシデントが発生してから誰かがそれを発見するまでの平均時間を指し

†16 "Goodhart's law," Wikipedia, last updated March 8, 2022, https://bit.ly/3SoUuc1.
†17 訳注：Mean Time to Detect（MTTD）とも呼ばれます。

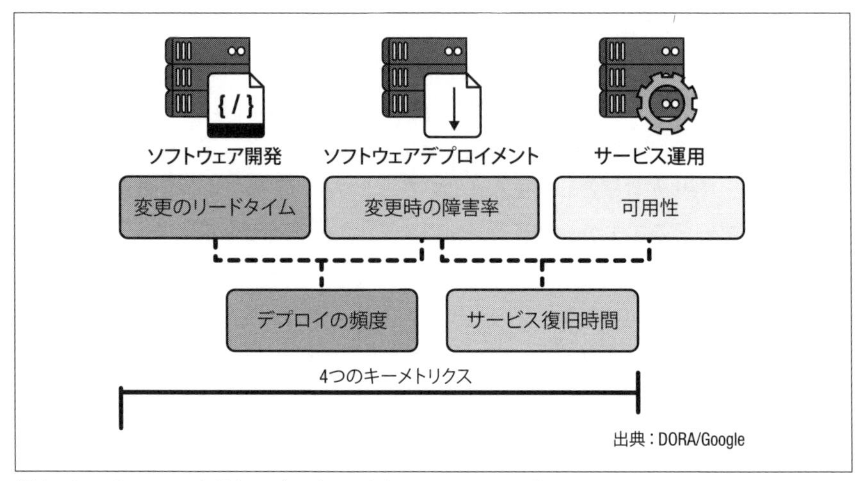


図6-12 DORA のメトリクス（コピーライト：DORA/Google）

ます。

プロダクト開発チームがソシオテクニカルなシステムの中で活動していることを考えると、他のメトリクスを使うのもお勧めです。1つ目は**スループット**で、プロダクト開発チームが仕事を大量に提供する能力を示す基準として役立ちます。このメトリクスはリーンのコミュニティにルーツを持ち、継続的な改善を支援する方法としてDevOpsのコミュニティで採用されました。私がよく使う2つ目のメトリクスは、**従業員ネットプロモータースコア（employee Net Promoter Score ®）**です。これは従業員の幸福度を計測するもので、従業員の定着率を高めるために使用できます。

私自身は上記のようなメトリクスをよく使うものの、それがすべてのユースケースに適しているというわけではありません。安易にこれらのメトリクスを使うのを勧めているわけでは決してありません。本書は、ソフトウェアアーキテクチャやメトリクスに関するさまざまな経験やアプローチを共有し、何が自分の組織に適用できるのか、あるいは適用すべきなのかを考える手助けをするためにあります。なぜ、安易に使うことを勧めないかというと、それぞれのチームには、知識領域、スキルセットレベル、技術、その他の文脈的要因があるからです。

数年前、ソフトウェア開発ライフサイクルの透明性を高めたいと考えていた企業で、DevOpsの変革に携わりました。私が指導していたのは、リテールバンキング向けのモバイルアプリケーションを開発する部門でした。その企業は、ソフトウェアデリバリーと運用パフォーマンスに関するDORAの4つのキーメトリクスを使用していました。と、そこまでは良かったのですが、閾値を用いて、「パフォーマンス」の観点で組織全体のチームを分類すべきだと主張する人々が存在しました。ここで「パフォーマンス」という言葉を括弧で囲んだのは、チームごとに4つのキーメトリクスが全く異なるコンテキストで使われていたためです。想像できたかもしれませんが、この組織にはメインフレームからクラウドのサーバーレス、そしてその間の、あらゆる種類のすべてのテクノロジーが存在していました。私は、メトリクスはコンテキストに依存するものであり、DORAのメトリクスを観察するだけでは不十分であることを説明しました。

ソフトウェア業界では、デプロイの頻度を上げるべきだとよく言われます。そうすることで、コスト、恐怖、不確実性が減り、標準化、予測可能性、自動化が進むというメリットがあります。とはいえ、モバイルアプリの場合は、デプロイの数が多くなると、それだけアプリが更新されることになります。そうすると、頻繁な更新通知によって顧客に迷惑がかかり、会社の従業員ネットプロモータースコア®を低下させることになります。この部門は、いつでもデプロイできるようにするために投資しました。そこで、3つのリング（アルファ、ベータ、本番）を持つ**デプロイメントリング**アプローチを採用し、アルファチャンネルにすべての変更を自動的にデプロイすることにしました。これが、KPIとメトリクスを総合的に結びつける力です。

KPIとメトリクスの連結は、時間や人々のコミットメントという点で、コストのかかる作業になる可能性があります。Annaの事例では、KPIバリューツリーはAnnaから始まりました。彼女が、経営層、アーキテクチャ、エンジニアリングの間のコミュニケーションラインが短いスケールアップ企業で働いていたからです。KPIバリューツリーのような作成物を使用することは、長期的な共有アプローチであり、組織内の異なる機能間の整合性と、上級管理職からの賛同が必要です（KPIバリューツリーは組織のKPIと結びついているため）。明確なオーナーシップと、組織の文脈や文化に合ったプロセスを持つことで、KPIバリューツリーが永続的にプラスの効果を発揮する可能性が高まります。このプロセスは、組織全体の調和と効率を促進し、一貫した目標に向かって努力するための明確な道筋を提供します。

## 6.6 コミュニケーションを通じた期待マネジメント

Anna は、プロダクト開発チームの旅行保険分野への機能提供能力が、実験期間中に低下すると分かっています。Anna は Keisha と会い、ワークショップの結果、KPI バリューツリー、プロダクト開発チームの計画を共有します。Anna は、ワークショップの影響と、現在の複雑さを軽減するためにアーキテクチャのレバレッジポイントを使用する方法を学びたいことを詳細に説明します。Keisha はこの計画を支持し、Anna がステークホルダーにメッセージを共有するのを支援することを約束します。Keisha は Anna に、期待マネジメントが重要だと説明します。そして、そのため、ステークホルダーとのやり取りでは、予想される結果、意図する成果、そしてそれが YourFinFreedom が EU 全域で主要なプレイヤーになるという目標にどのように貢献するかを明確にしなくてはならないとアドバイスします。

ステークホルダーは、Anna のメッセージの誠実さと明確さを評価しました。そして、プロダクト開発チームが実験を行い、結果を共有して、他のドメインへ知見を提供し、共通の課題を解決することに同意します。一方、Anna は、全員に情報を繰り返し提供し続けることに同意します。

プロダクト開発チームは、旅行保険契約サービスを本稼働させ、旅行保険ドメインの中央顧客情報サービスを置き換える実験を実施しました。実験は成功し、メトリクスがそれを証明しました。旧来のソフトウェアアーキテクチャの境界は見当違いであり、旅行保険ドメインで境界を再定義することで、そのサービスはリリースオーケストレーションを使用する必要がないことが分かりました。ステークホルダーは、この結果およびコミュニケーションの頻度に満足します。そして、Anna が組織内の他のドメインに同じアプローチを使うことを提案すると、それを支持しました。彼女は、同じ方法を用いて、プロダクト開発チームが他のドメインで同様の実験を行うのを支援し、明確な境界を持つソフトウェアアーキテクチャを作成することを目標にし始めます。

一方、YourFinFreedom が成長し、旅行保険ドメインの KPI が向上するにつれ、ドメインのリーダーは、現在のメトリクスが安定し、現在のニーズに対応しているものの、もはや適切ではない可能性があることに気付きます。保険アナリストは、「保険見積もり依頼のマッチング時間を短縮する」という指標に着目し、旅行保険の見積もりポジションにもっと人を雇う必要があると予測し、YourFinFreedom の市場シェアの増加に合わせてその数を直線的に拡大します。しかし、これは EBITDA に影響します。このドメインのリーダーは Anna と会い、旅行保険の見積もり作成に必要な手作業を減らせないか相談します。Annaは、そのためにソフトウェアアーキテクチャを更新することを提案し、どのメトリクスがその変更をサポートするのに最も適しているかを議論します。そして、「保険の見積もり依頼にマッチするものを見つけるまでの時間を短縮する」というメトリクスを、「保険アナリストが提供した選択肢から、最初に受け入れられる旅行保険の見積もりを増やす」というメトリクスに置き換えることにしました（**図6-13**）。

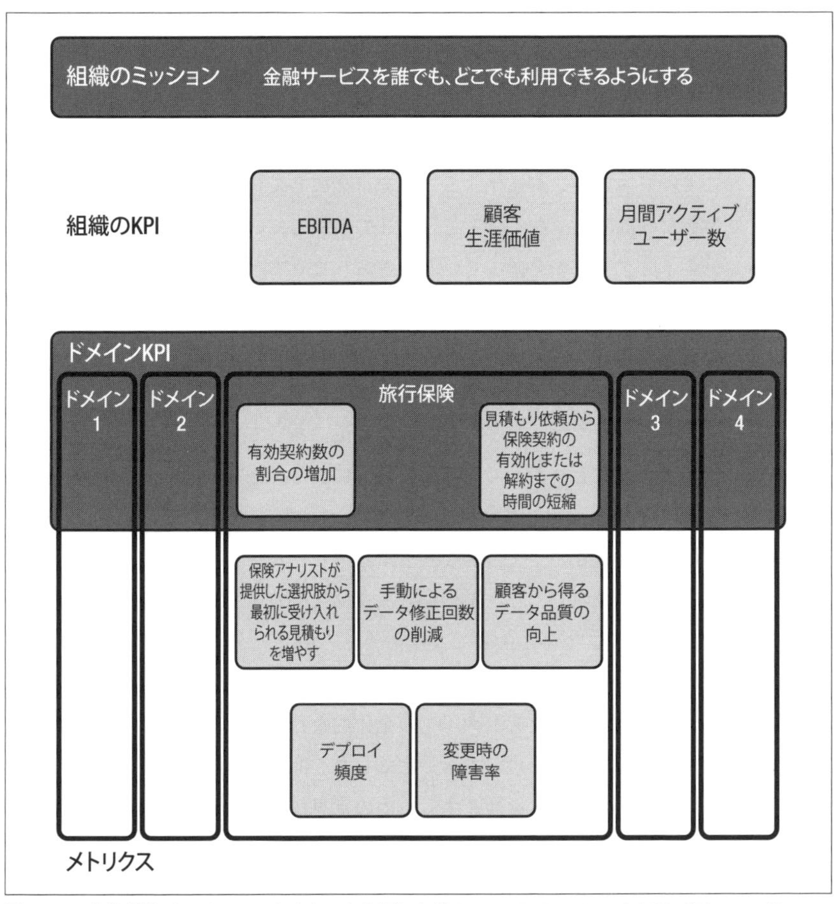


図6-13　旅行保険ドメインのメトリクスを変更した後のYourFinFreedomのKPIバリューツリー

Anna は、プロダクト開発チームと協力して、アーキテクチャの変更を設計します。チームは、顧客が提供した情報を取り込んで処理し、保険パートナーに問い合わせ、見積もりのためのいくつかの選択肢を生成するサービスを導入します。それは、保険アナリストの意思決定支援システムで、保険パートナーのシステムを閲覧するために費やしていた時間を節約できるようにするためのものです。

---

KPI バリューツリーが有用であるためには、きちんとメンテナンスされている必要があります。ビジネス要因が変われば、ソフトウェアアーキテクチャもそれに対応するように変更しなければなりません。それはフラクタルパターンです。そして、変化が訪れたとき、KPI やメトリクスの有用性を疑うことが肝要です。Anna のストーリーでは、プロダクト開発チームがドメインの境界を明確にして安定させることに成功し、それによってドメインが進化することを可能にしています。Anna は、旅行保険ドメインの異なる機能をつなぐ橋渡し役として機能しています。しかし、あなたは別のオペレーティングモデルを持っているかもしれません。ですが、それは全く問題ありません。

ここでの学びは、ソフトウェアアーキテクチャの自然な進化は、メトリクスによって導かれるべきであるということです。メトリクスに基づいていれば、ソフトウェアの作成と維持に携わる人々は、たとえ実験的な変更であっても、意図に沿った変更を行っていけます。アーキテクチャの一部は安定性による恩恵を受け、また別の部分は実験的な変更から恩恵を受けます。そうして得られた明確なドメイン境界は、イノベーションを健全に行っていく土台となります。

メトリクスの進化について、もう１つ個人的な話をします。私は、システムをクラウドに移行している e コマース企業で、技術チームのリーダーとして働いていました。そのチームは再入荷ドメインの一部で、バイヤーに対して商品の再入荷提案を行う役割を担っていました。再入荷ドメインの全体的な目標は、商品の可用性を最大化し、商品が倉庫で過ごす時間を短縮することでした。商品再入荷提案は、バイヤーが販売予測に基づいて必要な在庫を補充するための意思決定支援システムであり、サプライヤーや価格に関する情報も含まれています。

クラウド化の一環として、すべてのシステムで適切な可観測性が必要になりました。私たちは、商品の再入荷提案（数量を含む）に最適なサプライヤーを算出するサービスの API を作成しました。このサービスは、サプライヤーを選択するためのすべてのロジックをカプセル化しています（非常に特殊なルールがあり、その中には法的な影響を及ぼすものもありました）。API レベルの計装には、呼び出しの成功率を計測するメトリクスがあり、そのメトリクスから失敗した呼び出しが比較的多いことに気づきました。そこで、私たちは失敗した呼び出しと再入荷中の商品を関連付けるメトリクスを取ることにしました。ビジネスアナリストがさらに詳しく調べたところ、メトリクスに関連づけられた再入荷中の商品は、販売がもうすでに終了しているものであることが分かりました。供給が終了しているのに、システムからは削除されていなかったわけです。この情報を取り入れてメトリクスを調整したところ、API のエラーはほぼゼロになり、エンドツーエンドの処理時間が大幅に改善されました。再入荷プロセスを実行する際に対象とする商品数が減り、API エラーも少なくなりました。メトリクスがドメインの目標や制約とどのように結びついているかを論証することで、私のチームはシステムを改善するメトリクスを作成できました。これには時間とドメインの知識が必要でしたが、システムに長期的なプラスの効果をもたらしました。

## 6.7 アーキテクチャの学びと進化

Anna が他のドメインで仕事をするようになると、3 つの異なるパターンが明らかになります。1 つ目が、ソフトウェアアーキテクチャがドメインの境界と整合していないパターン。2 つ目が、ドメインの境界が正しくないため、アーキテクチャに偶発的な複雑さが入り込んでしまっているパターン。3 つ目が、一部のプロダクト開発チームが、ドメインの境界を越える、あるいは異なる業務のバリューストリームの一部であるソフトウェアコンポーネントを所有しているせいで、認知負荷が高いというパターンです。

2 つ目のパターンの一例として、中央顧客情報サービスが挙げられます。すべての金融ドメインの情報を保持するには、異なる金融ドメインモデルすべてに対して異なる動作を管理する必要があり、これが複雑さを生み出しています。Anna は、「顧客オンボーディングと支払い」ドメインのサービスを所有するチームで、3 つ目のパターンを観察しています。これらのプロセスは非常に特徴的で、関連性がないため、チームは 1 つの問題空間に集中できていませんでした。

Anna は Keisha とのミーティングの中で、これらの課題に取り組むためのアイデアを提示します。まず、「旅行保険」ドメインで行ったのと同じように、顧客情報の中心的なサービスを適切な金融ドメインに分解し、「ID管理」「アカウント管理」ドメインの情報に対して新しいサービスを作ることを提案します。さらに、各プロダクト開発チームの認知負荷を軽減するために、ドメインの境界を安定させる中でソフトウェアコンポーネントのオーナーシップを見直すことを提案します。Annaは、その効果が十分に伝わるよう、Keishaに内容を丁寧に説明します。Keishaは、部門にAnnaが与える影響に感心しています。彼女の考えは、YourFinFreedomがより尖った企業となり、事業にさらに集中していく助けとなっています。

それで、この物語の教訓は何でしょう。それは、**自分のコンテキストに合ったメトリクスを使うということ**です。また、**あるメトリクスの傾向が、そのメトリクス自体よりも重要な場合があること**も覚えておきましょう。

---

例えば、平均検出時間の傾向からは、人々が過去から学んでいるかどうかを推察できます。時間の経過とともに、平均検出時間が長くなっているケースを想像してください。そこには、2つの潜在的な課題があります。ビジネス要因によってソフトウェアアーキテクチャの複雑さが増していること、そして、複雑さが増すことで認知負荷も増加し、従業員のエンゲージメントに悪影響が生じていることです。平均検出時間と変更時の障害率のメトリクスを組み合わせることで、ソフトウェアアーキテクチャの弱点を見つけられます。さらに、変更時の障害率のメトリクスと従業員ネットプロモータースコア®を組み合わせることで、管理職のサポートスタッフを助けられます。この素朴な例は、ソフトウェアアーキテクチャの決定が、人々、チーム、そして企業の社会的基盤にどのような影響を与えるかを示しています。

ソフトウェアアーキテクチャは継続的なプロセスです。新しい作成物を作り出し、それを本番で使用するにつれ、状況は変化し、組織は進化します。過去に有効だったものが、現在も有効とは限りません。この架空の例では、Annaの会社はドメインの境界を再定義し、その結果、ソフトウェアアーキテクチャの境界も再定義するという旅に出ることになります。

このような変化が起きたときには、全員の期待値を管理するのが非常に重要です。本章の事例にあるように、得られた学びは、ソフトウェアコンポーネントの所有権の変更につながります。これはチームに影響を及ぼし、技術的・社会的レベルの両方でトレードオフと結果をもたらします。ステークホルダー全員にそのことを明示するのが重要です。さもなければ、人々は集中力を失い、不満を募らせ、会社を去ってしまうかもしれません。

ソフトウェアアーキテクチャ、メトリクス、KPIは、組織の進化を支えなくてはなりません。組織のリーダーは、ソフトウェアアーキテクチャが戦略の技術的実装として孤立して存在するものではなく、むしろその逆で、企業の戦略を実現するために存在していることを理解する必要があります。

私は、技術的なコンポーネント間のパターンをグループ化する以上のことができるように訓練された、次世代のソフトウェアアーキテクトが必要だと考えています。ワークショップの進め方、グループダイナミクスの理解、そして全体的なビジネス戦略への貢献が必要です。技術的な決定が社会構造に与える影響を理解することで、人々が喜んで貢献できるような健全なアーキテクチャを作れるようになり、それは誰にも恩恵があるのです。

## 6.8 そしてAnnaはどうなる？

---

長い旅が始まって2年半、Annaは会社のカフェテリアでフルーツティーを飲みながら、メールを読んでいます。ソフトウェアアーキテクチャのカンファレンスでの基調講演を依頼されたのです。組織は目標を達成し、ビジネスも予想以上に成長しています。会社のリーダーたちは、新たなソシオテクニカルアーキテクチャのスキルを活かして、他のビジネスラインを開拓しようと話しています。Annaは講演のタイトルを「ソシオテクニカルアーキテクチャ：ソフトウェアアーキテクチャを超えるもの」にしようと決めました。彼女が何を話すか、想像できるでしょうか？

---

## 6.9 結論

ソフトウェアアーキテクチャとメトリクスはエキサイティングなトピックです。本章では、Annaの話を通して、私の経験を共有しました。技術者である私たちは、技術の内と外に焦点を当て、ソリューションに対する過剰なアーキテクティング、過剰なエンジニアリングを行う傾向があります。これは、偶発的な複雑さをソフトウェアアーキテクチャにもたらす要因の一つです。期待の不一致は（少なくとも）フラストレーションにつながるため、組織の社会構造にも影響を与えます。ここ数年で、ソシオテクニカルアーキテクチャの考えは経営陣レベルにだいぶ浸透してきているのを感じます。そして、私は技術的な意思決定をする際に、より意図的であろうと努めています。

大事なのは、組織のビジネスと規模に合ったソフトウェアアーキテクチャを持つことです。それは旅です。組織の進化に伴ってソフトウェアアーキテクチャも進化していくのです。そうすることで、ソフトウェアアーキテクチャに関する指標を作成でき、同時にビジネスをサポートできるのです。Annaは、ビジュアルコラボレーション手法を使って機能を整合させ、各プロダクト開発チームがYourFinFreedomの戦略を遂行できるための土台を整えました。また、ソフトウェアアーキテクチャを進化させ、フィードバックサイクルを構築することで、メトリクスの妥当性を推し量れるようになりました。このような活動は一度切りのものではありません。継続的に行い、常に全員の足並みを揃えていく努力が必要です。

コンテキストは重要です。そして、正しいメトリクスを見つけることは旅の第一歩です。他の組織が使っているものをコピーしても、コンテキストが違うため、うまくいきません。自分の組織に合ったメトリクスを発見することは、意図的な投資であり、組織が進化するにつれて、その成果を得られるでしょう。

メトリクスの傾向は非常に重要であり、技術的な状況を超えたシグナルを明らかにできます。なぜなら、最終的にソフトウェアを設計し、構築し、維持するのは人だからです。私は、このようなソシオテクニカルな課題に対応できるスキルを持った、次世代のソフトウェアアーキテクトが台頭してくると心から信じています。

# 7章
# ソフトウェアアーキテクチャにおける計測の役割

Eoin Woods

**ソフトウェアアーキテクチャ**には多くの定義があります。しかし、実際には、アーキテクチャ上の重要な決定のほとんどは、パフォーマンス、レジリエンス、セキュリティのような、ステークホルダーの期待を満たすシステムの品質を達成することに関連しています。そうしたシステムの品質は、品質特性やアーキテクチャ特性、非機能要件などと呼ばれます。

これらの重要で複雑な決定は、異なる品質間の重要なトレードオフを伴うため、しばしば決定がとても困難です。例えば、レジリエンスを優先させると、パフォーマンスが低下することがあります。自分たちに必要な品質特性が何かを知るのに、ステークホルダーはよく苦労します。

このような複雑な問題に対処する方法として、かつては、事前に先読みをしすぎた設計（Big Design Up Front：BDUF）を行い、要件を探り出し、さまざまなトレードオフを検討し、主要なアーキテクチャを決定し、その検証を行っていました。しかし、今日では、そうしたスタイルでは満たせないほど、より速く行動し、より効果的に変化に対応することが求められています。

継続的デリバリー [10]、RCDA[†1]、継続的アーキテクチャ[†2]など、多くのアプロー

---

†1 Eltjo R. Poort and Hans van Vliet, "RCDA: Architecting as a Risk- and Cost Management Discipline," Journal of Systems and Software 85 (2012): 1995–2013.

†2 Murat Erder, Pierre Purer, and Eoin Woods, Continuous Architecture in Practice (Addison-Wesley, 2021).

チが、事前に先読みしすぎたアーキテクチャ活動を減らし、デリバリーライフサイクルの中で継続して行おうとしています。これにより、チームは、より多くの情報を入手できるようになった後で重要な決定を下し、システムを作り上げる中で生じる変更をサポートできます。

継続的アーキテクチャやそれに関連するアプローチの難しさは、十分なアーキテクチャ作業を行ったかや、作業の利益を最大化するために最も重要なことに時間を費やしているかを知ることにあります。私たちの時間は常に限られています。そのため、タスクを賢く選択し、いつやめて次の問題に移るかを見極める必要があります。

その解決策こそ計測です。直感や厳格なアーキテクチャの「手法」に従うのではなく、特定の時点におけるシステムの品質を計測することで、自分たちの置かれている状況を把握できます。また、長期的に計測することで、傾向を把握し、その品質がどのように進化しているのか、どこに向かっているのかを把握できます。このように計測を利用することで、アーキテクチャ活動を導き、その価値を最大化できます。

本章では、計測をソフトウェアアーキテクチャに組み込む方法について説明し、品質特性の計測と推定のための一般的なアプローチと、主要な品質に関するいくつかの特定のアプローチを紹介します。そして、どのように始めればよいかを紹介し、よくある落とし穴について説明します。

## 7.1　ソフトウェアアーキテクチャに計測を加える

構築すべきものを定義し、設計し、構築し、そして計測を開始する。ソフトウェアアーキテクチャは、歴史的にそうした流れで行われてきました。これは「ウォーターフォール」デリバリーのように聞こえます。ですが、アジャイルやその他のアプローチに従ってイテレーティブに開発を回しているチームでさえ、デリバリーライフサイクルの後半、ソフトウェアが運用環境に到達する後まで計測を先延ばししがちです。

今日の私たちは、定義－設計－構築－デプロイという**継続的な**プロセスが必要であることを分かっています。そして、早期に計測を始め、継続的に行う必要があることも分かっています。計測とソフトウェアアーキテクチャの関係を簡単な図で示すと、**図7-1**のようになります。

デリバリーパイプラインとソフトウェアのデプロイ環境から計測値を抽出することは、継続的かつ頻繁なプロセスであるべきです。これらの計測値は、あなたの作業に

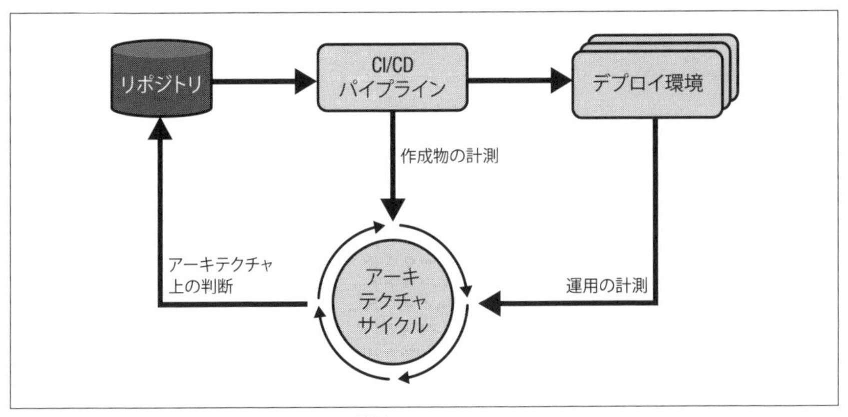


図7-1 アーキテクチャサイクルにおける計測

情報を与え、フォーカスすべきことの優先順位付けを可能にし、結果としてアーキテクチャ上の判断をもたらします。そして、その判断に基づいてシステムを変更し、さらに計測を行い、その決定が有効であったかどうかを明らかにします。そして、このサイクルが続くのです。

**図7-1**が**作成物の計測**（文書やコードのような、デリバリープロセスで生成される作成物に対して行う計測）に言及していることにお気づきでしょうか。また、レスポンスタイムやディスク使用量など、運用環境で動作するシステムに対して行う計測である**運用の計測**にも言及しています。それぞれについて、どのような場合に実行でき、どのような知見を得られるかを検討するのは有意義です。**図7-2**に、作成物／運用、外部／内部の軸で分類した計測の例を示します。

**外部計測**は、システムのデリバリーや運用を行うチーム以外の人々が直接的に受ける影響が可視化されるものです。そして、**内部計測**は、デリバリーや運用を行うチームのメンバーが直接的に受ける影響が可視化されるものです。デリバリーサイクルのさまざまなタイミングでこれらを計測することで、異なる種類のインサイトが得られます。各象限を順番に見ていきましょう。

**作成物の外部計測（外部計測、作成物の計測）**

設計文書が標準や一連のガイドラインへ準拠しているかの計測は、主観的な判断に基づくため、おそらく最も弱いタイプの計測です。しかし、設計のアイデ

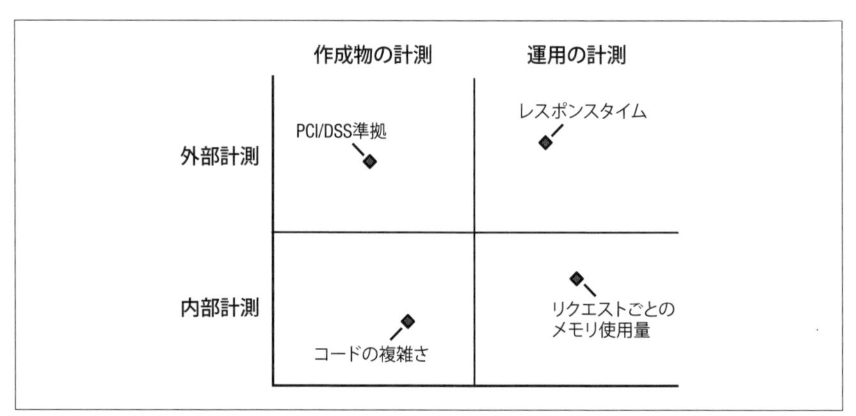


図7-2　計測の種類

アが生まれつつあるデリバリーサイクルのとても早い段階で計測できるのは、大きな利点です。作成物の外部計測は、GDPRへの準拠など、システムが特定の特性を示すのに有効です。また、特定のベストプラクティス標準に合致していることに対するステークホルダーの信頼感を高めるのにも有効です。

**作成物の内部計測（内部計測、作成物の計測）**

コードの複雑さ、モジュールの結合度、データベーススキーマの要素数などの計測は、とても具体的かつ正確であり、一般にかなり迅速かつ安価に行えるものです。これらは、保守性や拡張性といった品質特性の有用な指標であり、主に開発チームや運用チームが関心を持つものです。これらの計測の欠点は、計測する前に関係する作成物（通常はコード）を完成させておく必要があることです。

**運用の外部計測（外部計測、運用の計測）**

デリバリーや運用を行うチーム以外に影響を与える、システムの運用特性を計測します。レスポンスタイム、スループット、障害からの復旧時間、1ヶ月あたりの障害数など、従来からある品質特性計測の多くがこのカテゴリに属します。運用の内部計測と同様、これらはシステムが運用される前には計測できませんが、最も重要なステークホルダーであるユーザーがどのような体験をするかを捉えられる利点があります。

**運用の内部計測（内部計測、運用の計測）**

デリバリーや運用を行うチームに影響を与える、システムの運用特性を計測します。例えば、メモリ使用量や、データ量に対するデータベースインデックスの増加率などです。計測には完全に稼働しているシステムが必要ですが、そのシステムが内部やユーザーから見た場合にどのように動作しているかという貴重な現実を確認できます。この計測は、多くの場合、今後システムに起こり得る問題を予測するのに役立ちます。

デリバリーライフサイクルのさまざまな時点に、異なるタイプの計測が関連してきます。ですが、時間の経過とともに、すべての計測を使用することになります。

## 7.2 計測のアプローチ

計測は、費用対効果が高く、信頼性もある方法で行うのが重要です。この節では、いくつかの選択肢について説明します。

### 7.2.1 アプリケーションとインフラの実行時計測

Cindy Sridharan が『Distributed Systems Observability』（O'Reilly）[11] で述べているように、現在利用できる計測メカニズムには、一般にログ、トレース、メトリクスという 3 つのタイプがあります。**ログ**は、タイムスタンプ付きのイベント記録のシーケンスを提供し、時間の経過とともに技術コンポーネント内で何が起こったかを示します。**トレース**は、この考えを拡張し、リクエスト処理のような、コンポーネントをまたいだエンドツーエンドのシナリオに関連するイベントのコレクションを提供します。**メトリクス**は、仮想マシンの CPU 使用率やイメージストアのストレージサイズなど、一定期間のシステム特性を直接数値で計測するものです。ログ、トレース、メトリクスは、システムインフラとアプリケーションの両方から収集が可能です。

一般には、インフラストラクチャのログ、トレース、メトリクスにアクセスするのは容易です。パブリッククラウドが提供するインフラストラクチャ環境には、洗練され完全な機能を備えた情報収集システムがあり、それほど手間をかけずにこの 3 つを提供できるためです。一方で、アプリケーションのログ、トレース、メトリクスには、多くの場合、より多くの作業が必要になります。アプリケーションパフォーマンス管理（Application Performance Management：APM）ツールなどの計測の仕組みを再利用するか、直接的に取得するかによらず、自分で実装する必要があるためです。とはいえ、アプリケーションの計測からは、ステークホルダーが本当に気にする特性（純粋な技術的指標ではなく、発生した収益のようなビジネス指標など）についての多くのインサイトが得られます。

### 7.2.2 ソフトウェア分析

昔から言われているように、「コードは嘘をつきません」。一度書かれたコードは、豊富な計測ソースとなり得ます。静的コード解析は、強力なツールを幅広く備えた高度に発達した分野ですが、一般的なプログラミングミスの有無やコードの構造的特徴（複雑さや結合度など）の計測に限定されています。このため、保守性や拡張性以外の多くの品質特性を評価するのには役立ちません。とはいえ、セキュリティ脆弱性の検出数のようなコード分析による計測は、セキュリティなどの特性を推定する有効な代替指標となります。

### 7.2.3 設計分析

先に述べたように、コード分析の明らかな問題点は、コードが書かれるまで分析を行えないことです。そのため、それは予測的な計測というよりも、ふりかえりの源泉となります。実装前に設計の一部の側面を捉えることで、標準への適合性の計測や、スケーラビリティのような可能性のある品質特性の計測に、設計分析を活用できます。私は、従来行われてきたような、詳細な設計書の作成はお勧めしません。それらは完成するとすぐに古びてしまうからです。そうではなく、実装前に設計の一部を最小限ではあっても正確に表現することによって、作業の指針とするためのシステム特性の予想に有益な推定が可能になります。

### 7.2.4 見積もりとモデル

モデルや見積もりを使って予測的な計測を行うことで、コードがまだあまり書かれていないようなデリバリーサイクルの早い段階から、アーキテクチャ作業をガイドできます。

自分の過去の経験、他の類似システムの計測結果、および公表されているベンチマークやテスト結果を使用して、通常はスプレッドシートで数理モデルを作成できます。これらのモデルは、運用パラメータ（データベースサイズ、リクエスト量、リクエストタイプ、サーバー数、メモリサイズなど）と、それらのパラメータから得られる品質特性値との間の本質的な関係を捉えようとするものです。

この種の予測的な計測には、いくつかの問題があります。まず、スケーラビリティやパフォーマンスなどの、数値で表現しやすい品質特性にこの種の予測的な計測は最適な一方で、セキュリティのような品質特性には使うのが困難です。また、非常に単純なシステムを除き、理解しやすく、信頼性の高い結果をもたらすモデルを作成するのは困難（かつ高コスト）です。構築した後はそれを単純に計測すれば済みますが、それまではそのようなモデルの予測力を検証することも簡単ではありません。本当に役立つものを作ることを心がけてください。

### 7.2.5 適応度関数

Neil Ford、Rebecca Parsons、Patrick Kua は、著書『進化的アーキテクチャ』（オライリー・ジャパン）[4] の中で、品質特性†3を計測するための**適応度関数**という考え方を提唱しました。適応度関数は、計測を行うための新しい仕組みというよりは、計測を利用してシステムの品質特性を監視し、許容範囲に収まるようにするための仕組みです。適応度関数については、『進化的アーキテクチャ』の 2 章と 8 章を参照してください。

適応度関数は、1 つ以上の品質特性に対する 1 つもしくは複数の許容値を定義し、システムが対象の品質特性の許容値を満たしていることを確認する方法を定義します。理想的には、適応度関数は自動化されたプロセスとして実装されるべきですが、有用なものの多くは自動化できないため、スプレッドシートによる算出など、手動による適応度関数は依然として価値があります。簡単な例を挙げると、ある特定の種類のリクエストがすべて 100 ミリ秒以内に処理する必要があると分かっている場合、リクエスト時間を監視し、時間がかかりすぎるようになったら警告を出す自動適応度関数を運用環境で作成できるでしょう。

適応度関数があっても、品質特性の計測が容易になるわけではありません。品質特性の計測を容易にするには、この節で説明したようなテクニックが必要です。しか

†3 訳注：同書の中ではアーキテクチャ特性という名称で扱われています。また、本書の中でもアーキテクチャ特性という表記を用いている著者も存在します。

し、適応度関数を定義することは、計測を使ってアーキテクチャ作業を導いたり、焦点を絞ったりするのに役立ちます。

## 7.3 システム品質の計測

前の節で説明した一般的なテクニックは、さまざまなシステム品質に適用できますが、重要な品質には、計測に関してそれぞれ特徴があります。この節では、いくつかの重要なシステム品質の計測について、もう少し掘り下げて説明します。

### 7.3.1 パフォーマンス

**パフォーマンス**とは、システムが特定のワークロード（Webリクエストへの応答、API呼び出しの処理、イベントメッセージの処理、バッチジョブの完了など）をどれだけ速く処理できるかを意味します。パフォーマンスは一般に運用の外部計測で測られます。また、テストや運用で直接数値的に計測でき、モデル化することである程度推定できるため、計測しやすい品質特性の一つです。

パフォーマンスを計測する代表的な方法として、作業の一部を完了するのにかかる時間である**レイテンシー**と、システムが一定時間内に特定の種類のワークロードのインスタンスをいくつ完了できるかを示す**スループット**があります。例えば、受信したイベントメッセージを処理する場合、レイテンシーは1つのメッセージを処理するのにかかる時間であり、スループットは1つのプロセッサが1分間に処理できるメッセージ数です。この2つの指標は反比例しているはずです。

パフォーマンスと**スケーラビリティ**（次節参照）を混同しないことが重要です。スケーラビリティとはワークロードの増加にシステムがどれだけ対応できるかということです。しかし、この2つは密接に関連しており、パフォーマンスの低下は、しばしばスケーラビリティの問題の症状であることがあります。

パフォーマンスを決定する2つの主な要因は、どれだけの作業を行わなければならないか（受信したイベントメッセージの処理など）と、その作業をどれだけ効率的に行うことができるか（データベースアクセスでインデックスを使用するかなど）です。

#### 7.3.1.1 パフォーマンスを計測する際の考慮事項

パフォーマンスの主要指標はレスポンスタイムです。テスト環境や運用環境から直接計測したり、テストソフトウェア（API や Web インターフェイス用の Gatling（https://gatling.io）など）を使って合成テストワークロードを作成したり、システムに後で分析が可能なようにログを組み込んだりして計測できます。リクエストによってパフォーマンスが異なるため、単一の計測値が有用であることはほとんどなく、リクエストのセットに対する応答時間の分布を計測し、その平均値、中央値、標準分布を使用して特性を評価します。

特定の種類のワークロードに対するパフォーマンスの特徴をつかんだら、これを対応する要件と比較し、その差の大きさに基づいて、アーキテクチャに注意を払う必要があるかどうかを判断できます。

パフォーマンスにはコストのトレードオフもあります。性能を向上させるために、より良いランタイムリソース（より多くのメモリ、より速い CPU、より速いストレージ）を「購入」することはしばしば可能ですが、これはより高価になります。

最後に、前述のように、パフォーマンスを直接計測するのではなく、定量的なモデル（通常はスプレッドシート）を使用して推定することを検討してみてください。予測力を高めるための調整が難しいことがあるかもしれませんが、システムのある側面を直接計測する前に、そうした推定を行うことで、予想されるパフォーマンスについてある程度のインサイトが得られるでしょう。

#### 7.3.1.2 パフォーマンス計測時のよくある問題点

パフォーマンスを計測する際に注意すべき一般的な問題には、次のようなものがあります。

**テストと現実**

パフォーマンス計測のためのテスト環境を、運用環境と同じように動作するよう作成するのは困難である場合が多いです。現実的な保存データの作成、想定されるワークロードパターンの予測、まったく同じ環境のリソースと構成など、さまざまな課題があります。テスト環境がどの程度運用環境を模してあるかが分からなければ、その計測値がどの程度有用であるかも分からないでしょう。

#### モデルと現実

さらに複雑なのは、実際のシステムと比較した上での、パフォーマンスモデルの予測力とその有用性を理解することです。そのためには、できるだけ早い段階でテストを行って、モデルの校正と検証を行う必要があります。モデルに過度に依存しないように注意しましょう。

#### ワークロードの生成

どのようなワークロードを生成したいかが分かっていても、忠実度と再現性の高い、有用なワークロードを生成することは、それ自体が複雑なタスクです。これは、ワークロードが特定のリクエストやバッチのパターンを用いて個別のデータパターンとやり取りする必要がある、複雑なビジネス領域に特に当てはまります。

#### 断続的な現象

分散システムは複雑で、時には、再現の難しい断続的なパフォーマンス問題を引き起こす予期しない動作をします。そうした断続的な現象は無視したくなるものですが、調査し、学ぶチャンスと捉えましょう。アーキテクトの注意を必要とする何かが見つかるかもしれません。

#### ログの欠落

多くのアプリケーションは、パフォーマンス計測のためのログ出力が深く考えられずに作られています。後々たくさんの見直し作業をする必要がないように、開発の初期からこのことを検討しましょう。

#### 多すぎるログ

一方で、ログが多すぎるのも問題です。大量のログ（そのほとんどは不要なもの）を記録すると、非常に多くのデータが生成されることとなり、信頼できる計測値を作成する処理が難しくなります。ログに関する明確な戦略と、設定可能なロギングメカニズムがあれば、このような状況を回避できます。

### 7.3.2 スケーラビリティ

スケーラビリティは、パフォーマンスと密接な関係を持つ、ワークロードの増加にシステムがどのように対応するかに関わる品質です。スケーラビリティに問題があることを示す最初の指標は通常、パフォーマンスの劣化です。また、スケーラビリティもパフォーマンスと同様、システムの効率性に影響されます。

スケーラビリティの重要な関心事は、利用可能なリソース（CPU、メモリ、ストレージ、ネットワーク容量など）に応じて、システムのワークロード容量がどのように変化するかです。システムが線形に拡張され、50% 以上のリソースを追加することで 50% 以上のワークロードを処理できるようになるのが理想ではあります。しかし、実際には、これが実現されることはほとんどありません。

スケーラビリティは多面的な問題であり、リクエスト処理能力、バッチスループット、データストレージ能力、組織（人とプロセス）能力など、さまざまな観点で検討が必要です。

#### 7.3.2.1　スケーラビリティを計測する際の考慮事項

スケーラビリティは、数値計測、実用的なテスト、数値モデリングに非常に適しており、常に多少の複雑さはあるものの、計測はそれほど難しくありません。

システムのスケーラビリティは、一定のリソースの元、許容されるパフォーマンスレベルでどれくらいのワークロードを処理できるかによって主に計測されます。例えば、平均応答時間が 0.5 秒で、95% のリクエストの応答時間が 2 秒未満だとして、システムが 5 秒間で処理できるリクエストの数を計測します。その後、システムのリソースを段階的に（例えば、一度に 20% ずつ）増加させてスループットを計測していき、値の比率を使用することで、そのワークロードに対して増加したリソースに対するシステムのスケーラビリティを特性付けられます。

パフォーマンスと同様に、コストもスケーラビリティの一因となります。あるワークロードのキャパシティを達成するためのリソースコスト（ハードウェアやクラウド利用など）を、ワークロードの増加に伴って見積もることも可能です。

ストレージとそのコストを計測することは、アーキテクチャがいかに効果的であるかを計測する機会にもなります。ここでの計測はかなり単純で、特定の要件（パフォーマンスをサポートするためのインデックス作成、規制をサポートするためのデータ保持など）を満たすために必要なストレージの量と、そのストレージにかかるコストを測るだけです。

システムの運用面でも、スケーラビリティを評価する機会があります。例えば、特定のレベルのワークロードに対してシステムをサポートするために必要な人員数（例外処理に必要な業務オペレーションスタッフ、日常的なオペレーションタスクを実行するために必要なシステムオペレーションスタッフなど）は、重要な計測項目の一つです。

こうしたスケーラビリティの要因を測るための一連の計測値を特定すると、特定のリソース下におけるそれらの要件に基づくキャパシティが導かれます。異なるリソースレベルにおけるキャパシティを比較することで、ステークホルダーにとって意味のある方法で、求められるスケーラビリティを理解できます。これにより、スケーラビリティが許容範囲内か、あるいは注意が必要かを評価できます。また、時間の経過とともに、スケーラビリティが向上しているかや低下しているかも把握できます。

### 7.3.2.2　スケーラビリティを計測する際によくある問題

パフォーマンスの節で述べた一般的な問題の多くは、スケーラビリティにも当てはまります。さらに複雑な問題を次にいくつか挙げます。

**予測不能なボトルネック**

複雑な分散システムでスケーラビリティを調査していると、予想だにしないボトルネックがよく見つかります。そうしたボトルネックは、発見して対処するまで、スケーラビリティ計測の有効性と有用性を大きく低下させる可能性があります。システムのスケーラビリティについて可能な限り探索的なテストを行い、有用な計測を行うための最善の方法を学びましょう。

**予測不能な非線形な挙動**

関連する問題として、スケーラビリティの計測が、想定外の非線形な結果を見せる場合があります。例えば、ランタイムリソースを増加させても、システムが期待するほど多くの追加ワークロードを処理できない場合です。このような挙動は、どこで発生しているのかが分からない限り、計測の価値を下げます。システムを設計する際にこれを回避するための時間を投資し、探索的テストを実施してより詳しく知るのは、大抵の場合、良いアイデアです。

**リソースの組み合わせ**

ワークロードの中には、1種類の計算機リソースを追加するだけでキャパシティを増やせるものもあります（より計算集約的なスループットを得るために

CPU のキャパシティを増やすなど)。しかし、大抵のワークロードでは、キャパシティを増やすには複数の計算機リソースが必要となります(データベースのスケーリングには、メモリだけでなく、CPU やディスク I/O なども追加になるでしょう)。スケーラビリティの計測では、この点を考慮に入れてください。例えば、Web リクエストの処理に必要な CPU とメモリを関連付ける計測が必要になるかもしれません。

### 7.3.3 可用性

可用性とは、一定時間の間に、システムのサービスがどれだけ利用可能であったかを示す尺度です。計画的な利用不可(システムメンテナンスなど)と計画外の利用不可(障害)の両方が影響する可能性があります。

#### 7.3.3.1 可用性を計測する際の考慮事項

可用性の特徴付けに使われてきた古典的なメトリクスは、平均故障間隔(Mean Time Between Failures:MTBF)です。MTBF とは、システムが故障を起こす頻度(信頼性)を計測したものとなります。可用性を測る別のメトリクスに、障害からの復旧にかかる時間があります。それは通常、平均復旧時間(MTTR)と呼ばれます。2010 年に John Allspaw が、インシデントの発生頻度よりも、インシデントからの復旧にかかる時間の方が重要である場合が多いという有名な見解を示してから[†4]、このメトリクスはより注目されるようになりました。

MTBF は相当数の故障が発生してからでないと推定できませんが、MTTR には、システム構築中に設計、推定、テストできるという利点があります。MTBF を推定するための妥当なパラメータを見つけるのは、しばしば困難です。現実的な方法としては、システムを開発する際に MTTR をモデル化してテストし、それらの値と MTBF の概算値を用いて可用性を推定し、実測値を得てから改良する方法があります。

可用性の別の側面に、潜在的なデータ損失の考慮があります。これには、MTTR をはじめとする他の目標とのトレードオフが生じます。データ損失の考慮では、目標復旧時点(Recovery Point Objective:RPO)と目標復旧時間(Recovery Time Objective:RTO)というメトリクスを使用します。RPO は、許容するデータ損失

†4 John Allspaw, "MTTR Is More Important Than MTBF (for Most Types of F)," Kitchen Soap, November 7, 2010, https://oreil.ly/NFLYz.

量を定義します（通常「10分間の更新」や「100件のトランザクション」のように、時間またはトランザクションで計測します）。RTOは、障害発生後にデータの復旧を待てる最大時間を定義します。もちろん、RTOはMTTRに影響します。ですが、MTTRとは異なります。例えば、システムは一部のデータのみで復旧できる場合があり、その場合にはMTTRよりもRTOが長くなる可能性があります。RPOとRTOは通常、反比例の関係にあります。RPOが無限大（つまり、すべてのデータを失う可能性がある）であれば、通常、RTOはゼロに近い値を達成できる一方、1バイト1バイトが貴重であれば、RTOはかなり長くなる可能性があります。

開発中にRPOとRTOの両方をモデル化してテストしておけば、運用中に事故が発生した後に実際の値を計測できます。

### 7.3.3.2 可用性を計測する際のよくある問題

可用性を計測する際によく発生する問題をいくつか見ていきましょう。

#### MTBFの計測

MTBF、MTTR、RPO、RTOの目標を達成するためにシステムを設計し、定量的なモデルで推定し、テストによって計測することは可能ですが、MTBFは扱いが困難です。MTBFは、信頼性モデル（ソフトウェアの故障を推定するのにはあまり役に立たない）を使って推定するか、運用中に実際の故障が発生した場合（まさに私たちが避けようとしている状況）しか、実際に推定できません。この問題に対処する唯一の方法は、何とかデータを手にするまでは、アクセスできる他のシステム（おそらく同じ組織内）から故障情報を収集し、それをMTBF値の代理として使用することです。

#### さまざまな故障モード

MTTRやRPOといった指標は、前述のとおり、考え方としては極めてシンプルです。問題は、実際のシステムには、想定外に故障する可能性のあるコンポーネントが数多くあることです。つまり、実際のシステムでは、MTTR、MTBF、RPO、RTOの計測値のセットを検討し、何らかの方法でそれらを組み合わせてマクロビューを得る必要があるのです。これは顧客の環境に特有なものとなるため、システムのさまざまな部分の計測基準をどのように組み合わせて、システム全体の計測基準を形成するかについて慎重に考えましょう、というのが私からできるアドバイスとなります。

**「9」の専制**

伝統的に、ソフトウェア業界では、システムの可用性指標として、**可用性パーセンテージ**という単一のメトリクスに焦点を当ててきました。例えば 99.99 %、つまり「4 ナイン」であれば、1 週間あたり 1 分間の間、使用できない時間があることになります。問題は、この可用性の見方が単純すぎるということです。故障モードやタイミングといった要素は、それに大きな影響を与えますが、この計測では考慮されません。また、よく要求される高い可用性の割合（「5 ナイン」つまり 99.999 %、あるいは 1 日 1 秒の利用不能など）は、100 %に近すぎてほとんど意味がありません。「9」という数字で表される要件には注意が必要です。その代わりに、障害シナリオを使用してビジネスニーズを理解し、システムの各部分の重要な可用性指標を推定し、計測する方法を検討しましょう。

## 7.3.4　セキュリティ

セキュリティは、インフラ、アプリケーションソフトウェア、システム周りの人間のプロセスなど、さまざまな場所で表面化する複雑で多面的な品質です。セキュリティは極めて重要であると同時に、計測が非常に困難な品質特性です。システムに埋もれている微妙なミスが生み出す脆弱性を誰かが見つけて悪用することになれば、突然、重大なセキュリティ問題が発生することになります。

とはいえ、セキュリティのいくつかの側面を計測すれば、現在の状況をよりよく理解し、アーキテクチャのどこに注意を向けるべきかを理解できます。

### 7.3.4.1　セキュリティを計測する際の考慮事項

セキュリティの計測が、システムに生じるセキュリティインシデントの数であることは明らかです。しかし、セキュリティを評価するためにインシデントを待つ必要はありません。システムの開発と運用を通じて、継続的に代理の計測を行えます。それには次のようなものがあります。

**静的コード解析**

コードに潜在するセキュリティ脆弱性の数を特定します。

**動的解析**

手動による侵入テストと自動化された侵入テスト（動的解析とも呼ばれる）により、テスト環境または運用環境に展開されたシステムの脆弱性を発見してカウントします。

**インフラストラクチャスキャニング**

インフラストラクチャスキャニングテストは、（テスト環境または運用環境において）インフラストラクチャプラットフォームの潜在的な脆弱性を明らかにします。

これらの計測値を、発生可能性や発生した場合の潜在的な影響などを踏まえて、リスクによって重み付けして集計することで、セキュリティの代理指標として使用できます。もちろん、これはシステムの実際のセキュリティではなく、テストプロセスの結果を計測することを意味します。しかし、このような代理指標は、セキュリティを計測し、良くなっているのか悪くなっているのかを判断するための最も良い方法です。

### 7.3.4.2　セキュリティを計測する際のよくある問題

セキュリティを計測する際に気をつけなければならない点には次のようなものがあります。

**環境の一貫性**

運用環境だけでなく、テスト環境でもセキュリティをテストする場合は、結果に矛盾が生じないように、必ず同じ設定にしましょう（少なくとも、可能な限り同一の設定としましょう）。

**セキュリティ識別子**

一般に、テスト環境と運用環境で同じセキュリティ識別子（ユーザー、証明書など）を使用するのは良くないとされています。このような環境間の一貫性を実現できない場合もあるので、セキュリティテストの結果を分析する際には、その点に注意してください。

**偽陽性**

多くのセキュリティツール、特に静的スキャンのツールは、高い確率で偽陽性の検出をすることがあります。このような誤検出は、結果を歪め、状況を実際より悪く見せる可能性があるため、計測に含めないほうがよいでしょう。

**リスクの調整**

すべての潜在的なセキュリティ問題の深刻度が同じとは限りませんが、リスクレベル（これも可能性と影響の両方を含む）に対してどのように重み付けをすればよいかを知ることは難しいかもしれません。専門家に相談し、経験を積むことで判断力が向上するはずです。

**十分テストしたかの見極め**

テストが十分であることを知るのは難しいです。なぜなら、何か（セキュリティなど）がないことを証明できないからです。この問題は、セキュリティの失敗が深刻な影響を与える可能性や、潜在的なセキュリティの問題がどこにあるかを知るのが困難である点を考えると、特に困難です。解決策は、優れたデータに基づき、体系的かつ一貫したアプローチから導き出された専門家の判断を適用することです。

## 7.4 始め方

計測をデリバリーサイクルに組み込み、その結果をソフトウェア設計の評価と指針として活用することの重要性を分かってもらえたと思います。次のステップは、プロジェクトで実際に実践し始めることです。では、何から始めればいいのでしょうか？

残念ながら、明確な答えはありません。なぜなら、それは環境や優先順位、システムの特性などによって異なるからです。すでに何年も運用されている成熟したエンタープライズ Java システムに取り組んでいる人にするアドバイスと、最初の運用サービスをクリティカルマスまで持っていこうと競争しているフィンテックのクラウドネイティブスタートアップにするアドバイスは当然ながら異なります。

しかし、あなたのプロジェクトに計測を適用する方法を検討する際に役立つガイダンスであれば、いくつか提供が可能です。

### 小さく始める

多くのデータを収集し、簡単に計測できるものはすべて計測することから始めたくなるのが常です。しかし、多くの時間と労力を要しても有用な計測値はほとんど出てきません。それよりも、早い段階で真の進歩を実証するために、行動を可能にするいくつかの具体的な事柄を特定することから始める方がよいでしょう。

### 重要なことを計測する

重要なのは、学びが得られ、仕事の指針になるようなものを計測することです。**簡単な**始め方は、計測しやすいものから始めることです。**適切な**始め方は、あなたの仕事に実際に影響を与える計測を特定し、それを行う方法を見つけるところから始めることです。そうすることで、プロセスの初期段階で計測の価値を実証できます。

### 計測に基づいて行動する

計測によって何らかの学びを得たら、次に取り組むべき品質特性の優先順位を決めるなど、その洞察を目に見える形で行動につなげてください。これもまた、計測の価値を実証するのに役立ちます。

### 早期に開始する

先に述べたように、計測は、システムが本番稼働してしばらくしてから、かなり遅い段階まで放置されるのが一般的です。しかし、さまざまな種類の計測を利用すれば、もっと早い段階から計測を開始し、デリバリーライフサイクルを通じて価値を得ることができることをご理解いただけたと思います。プロセスの初期段階から計測を取り入れる時間を作りましょう。

### 計測を可視化する

計測が評価され、優先されるためには、影響力のある立場の人々が、どのような計測が行われ、それがどのような効果をもたらしているかを理解する必要があります。くれぐれも、自分だけのものとしないでください。計測活動を定期的に報告し、プロジェクト環境においてアウトプットを可視化しましょう。そうすることで、誰もがあなたの計測作業の恩恵を受け、その価値を理解できます。また、他の人が参加して、自分にとって重要な計測を始めるきっかけになるかもしれません。

**計測を継続的に行う**

システムの各部分を構築する際に、どのような計測が有効か、どのように適切なメカニズムを組み込むかを考えるように、計測をデリバリーサイクルの定期的な流れに組み入れることをお勧めします。

これらのガイドラインに従うことができれば、実用的かつ段階的な方法で計測をアーキテクチャ作業に組み込み、できるだけ早い段階で計測から価値が得られるはずです。

## 7.5　架空のケーススタディ

プロジェクトに計測を導入することが実際にどのようになるのか、実体験に基づく架空の事例を元に検証してみましょう。

この例では、人口12万人の地域にある地方自治体が、Civisという新しい「市民参加型プラットフォーム」を開発することになりました。この組織は、情報へのアクセス、自治体への要望送信、サービスの利用申請などを市民が行うための、単一で統一されたデジタルインターフェイスを作りたいと考えています。

プラットフォームの開発者である私たちには、どのサービスが人気を集めるか分かりません。最初はいくつかの主要なサービスを提供し、小さく始めるつもりですが、市民が便利だと思うものに応じて、新しいサービスを追加したり（あるいは既存のサービスを削除したり）、迅速に行動する必要があります。また、どれくらいのユーザーが関わってくれるかも分かりません。つまり、未知の部分がたくさんあるのです。プラットフォームの構築には、探索的かつ漸進的なアプローチが必要でしょう。

プラットフォームには、実績のあるテクノロジーを使用します。具体的には、パブリッククラウドプラットフォーム上のコンテナで動作するJavaサービスのセットで、クラウドプロバイダーのマネージドリレーショナルデータベースサービス（将来的には他のクラウドサービスも）を使用する予定です。これらのサービスをAPIゲートウェイに接続し、Webインターフェイス、Androidモバイルアプリ、iOSモバイルアプリを作成します。

プラットフォームの設計を始めると、コストやパフォーマンス、柔軟性といった理由から、データベースのサイズが重要であることに気づきます。そこで、スプレッドシートで簡単な数理モデルを作成し、テーブルの数、重要なデータベーステーブルの行数、さまざまな使用シナリオで必要となるデータベースストレージの量を見積もることにします（このスプレッドシートは、後で再び使用するために保管しておきます）。こうした作成物の内部計測と推定は、最初の計測セットです。この計測セットの目的は、この段階でデータベース設計を最適化する必要があるかを理解するのに役立てることです。

プラットフォームを構築し始めると、コードの品質と保守性に目を向ける必要があることが分かってきます。このプラットフォームは将来的に大きく変化する可能性があるためです。そこで、静的解析ツールを導入し、それを使ってデリバリーパイプラインの中でコードの複雑さを計測できるようにします。これを独立した適応度関数（この段階では、複雑度が高くなりすぎるとビルドを中断する単純なPython スクリプト）とし、パイプラインの中でアクションとして呼び出します。この作成物の内部計測は、リファクタリングやアーキテクチャ構造の見直しに時間を割く必要がある場合に表示されます。

このシステムは、機密情報が含まれるコンシューマー向けのシステムであるため、セキュリティの計測を開始することにします。ペネトレーションテストの準備はまだできていませんが、静的なセキュリティ分析は行えるので、これをパイプラインに追加します。パイプラインが実行されるたびに保存される「脆弱性」メトリクスを導き出し、コードの変更に伴って導入される脆弱性の傾向を確認します。この作成物の内部計測は、私たちがセキュリティに意識を向ける代わりに、セキュリティ上のケアが必要なコードを割り出すのに役立ちます。この計測値は、しばらくの間は不安定になると思われるので、この段階では警告の自動化までは行いません。

次に、可用性と性能は運用上の重要な関心事なので、できるだけ早い時期に主要なユースケースシナリオでの計測を開始したいと考えます。

そこで、レスポンスタイムの計測セットを作成し、CI 環境で実行可能な自動テストセットによってパフォーマンスメトリクスを取れるようにし、メトリクスの傾向を監視します。また、許容範囲から外れた場合に警告を受けられるように、自動化された適応度関数を作成します。この運用の外部計測は、システムレベルでパフォーマンスの見直しが必要なときに、アーキテクチャが依然としてパフォーマンス要件を満たしていることを確認するために警告を発します。これらのテストは、すぐに運用環境でも使用することになります。

さまざまな障害からの復旧にかかる時間、つまりシステムに期待する可用性を推定できるように、復旧時間テストをいくつか作成します。このように運用の内部計測と外部計測を組み合わせることで、復旧アプローチを見直し、必要であれば再設計する必要があるときに警告を受けられます。私たちは、これを支援するために、スプレッドシート上の数理モデルの形で、手動の適応度関数を作成しました。

本番でコードを動かし始めると、すぐに計測を始めたくなります。ついに私たちの初期コードが実際に使われるようになったのだから、そう考えるのも当然です。モバイルアプリや Web リクエストによる通常の利用状況の計測に加え、データベースのサイズや各主要テーブルのアイテム数の監視を開始し、その傾向をプロットして最初に作成した見積もりスプレッドシートと比較します。この内部的な運用指標を利用して、データベースがどのように成長するか、ストレージサイズの最適化で注意を払う必要がある箇所を推定します。

そのうち、本番環境で時々障害が発生するようになり、障害発生までの時間と復旧時間の統計を手動で記録するようになります。システムの実質的な稼働率を算出し、ほぼリアルタイムでステークホルダー（地域住民など）にも報告します。この運用に関する計測は、可用性に焦点を当てる必要があることを、危機的な状況に陥る前に私たちに注意喚起します。

開発が進む中で、私たちはデリバリーサイクルの一部として計測値を追加したり、場合によっては削除したりすることを続けています。これによって、システムが主要な品質特性要件を満たしているか、アーキテクチャが効果的かどうか、最大の効果を得るためにどこに注意を向けるべきかを把握できます。

このようにして、ソフトウェアアーキテクチャの効果を高めるために、私たちは最初から計測を利用してきました。プロジェクトの初期にシンプルな方法で開始し、途中から計測を追加して、時間と注意を集中するための指針としました。

ここに記したのは完全に架空の例ですが、ソフトウェアアーキテクチャに関する仕事に計測を適用した私の経験を反映しています。あなたの仕事に計測をどう適用するか、何かのヒントになれば幸いです。

## 7.6 落とし穴

この節では、計測を適用する際によくある間違いや問題を簡単にまとめます。これらの落とし穴を意識することは、あなたの仕事においてそれらを回避するのに役立ちます。

**計測ではなく、仕組みにフォーカスしてしまう**

計測の仕組みを設計・実装することは、複雑でやりごたえのある仕事です。そのため、計測そのものではなく、実装の詳細に没頭してしまう危険性があります。その結果、印象的な計測インフラはできあがるかもしれませんが、有用な計測はあまり得られないでしょう。できる限りシンプルな仕組みで小さく始め、計測が価値をもたらすようになったら、後で複雑さを追加しましょう。

**やりやすいものを基準に計測を選択してしまう**

中には計測が難しいものもあります。コードサイズやレスポンスタイムなど、計測が簡単なものから計測し始める傾向があるのは理解できます。しかし、大きなインパクトを与えるには、システムにとって最も重要なことを計測する必要があります。

**ビジネスの計測よりも技術的の計測に重点を置いてしまう**

技術的な計測（データベースの復旧時間など）は、大抵の場合、ビジネス関連の計測（時間あたりの総売上など）よりも容易です。しかし、技術的な計測にのみ集中すると、ビジネスのステークホルダーが計測作業を理解したり価値を見出したりすることはまずありません。正しい優先順位をつけるには、すべてのステークホルダーの視点を考慮する必要があります。技術的な計測だけでなく、ビジネスドメインの計測についても考えましょう。

**行動を起こさない**

良い計測を行い、作業の優先順位を決めた後、一番楽なのは何もしないことです。私たちには常に仕事がたくさんあるわけですから。しかし、計測を価値あるものにするには、その結果を利用する方法が必要です。調査結果から得られる行動に優先順位を付けましょう。そのためには、各スプリントの中で、**最適化作業**や計測結果に基づいて行動する時間の割合を設定するのが有効です。

**有用性よりも正確性を優先してしまう**

エンジニアや科学者の訓練を受けた私たちは、計測結果の精度を高めたいという強い欲求を持つ傾向があります。これは良い本能ですが、通常、これ以上精度を上げても意思決定が改善されないポイントが存在します。時間と労力を無駄にしないためにも、その点に注意することを忘れないでください。

**計測し過ぎる**

関連するポイントとして、どの程度の計測を行うべきかがあります。今日の洗練されたプラットフォームは、許容できるコストで膨大な量の計測を可能にします。スモールスタートで時間をかけて、計測作業が膨大な量のデータを生み出すモンスターにならないようにするのが重要です。時間が経つにつれて、計測値を見直し、それらがすべてまだ有用であるかどうか、あるいはいくつかの計測値をオフにすることができるかどうかを継続的に尋ねてください。

これらのよくある落とし穴を避けることで、計測作業を価値ある持続可能なものにする可能性が高まります。

## 7.7　結論

本章では、計測がソフトウェアアーキテクチャの作業において重要な要素である理由を探ってきました。本章で学んだことを、次にまとめます。

- システムの品質特性を計測することは、アーキテクチャ作業が効果的であるかどうかを判断する数少ない方法の１つです。
- 計測によって、アーキテクチャの中でもっと注意を向けるべき場所を理解できます。そして、作業の優先順位付けや、異なる種類のアーキテクチャ作業の間で難しくても合理的な選択をするのにも役立ちます。
- また、計測は、品質特性を計測可能にする方法を見つけ、要求事項を具体化することを強制します（この具体性は、品質特性の要件を作成し、ステークホルダーとのコミュニケーションを向上させるのに役立ちます）。

システムが達成すべき品質特性を理解すれば、その特性の計測値を提供可能なメカニズムを特定し、それに従って具体的な実装を設計できます。

先に学んだように、計測にはさまざまな種類があります。システムそのものに焦点を当てるもの、システム構築に関わる作成物に焦点を当てるもの、品質特性の外側に見える側面を計測するもの、システムの内部側面を計測するものなどです。計測したいものを特定したら、それらを分類して、それぞれの価値（と限界）を理解しましょう。

計測の仕組みが整ったら、継続的なアーキテクチャサイクルの中で（可能であれば適応度関数によって）計測値を要件と比較していけます。このフィードバックループにより、アーキテクチャ上の要件を満たさない、注意が必要なシステム領域が明らかになります。このように計測を用いることで、さまざまなタイプのアーキテクチャ作業の価値を明確に説明できるようになり、最も重要で有益なことに取り組んでいるという自信が生まれます。

# 8章 メトリクスから エンジニアリングへの進化

Neal Ford

私は、大学でさまざまな専攻を経験し、遠回りをしてきました。数年間は機械工学の道をひたすら突き進みましたし、物理学で2年制の学位を取得し、近くの主要な工学系大学のコースワークに入りました。1年後、私はコンピュータサイエンスに転向し、物理工学の世界から離れることにしました。

とはいえ、コンピュータサイエンスの研究に十分な時間を費やした結果、物理学の基礎となる数学がどのように姿を変え、機械工学という学問分野になったのかを理解するに至りました。数学は計測に枠組みを与えます。ですが、計測が世界をどう反映しているかを正確に理解するまで、エンジニアは数学をものづくりに応用できません。

アーキテクトや開発者とメトリクスの関係は、エンジニアと物理学の関係と同じです。メトリクスを有用なコンテキストで評価できなければ、アーキテクトや開発者はメトリクスを開発には活かせません。アーキテクトや開発者は、何十年もの間、アーキテクチャの一部を検証するためにメトリクスを使用してきました。しかし、多くの場合、それらは場当たり的な方法でした。必要なのは、メトリクスを活用してエンジニアリングをサポートする一貫したアプローチです。ソフトウェア工学は物理工学ほど進んでいませんが、私たちは計測値を工学的実践に変換する方法を学びつつあります。

## 8.1 適応度関数への道

Patrick Kua、Rebecca Parsonsと共著した『進化的アーキテクチャ』[4]で、私たちはアーキテクチャ適応度関数という概念を定義しました[†1]。Rebecca Parsonsには遺伝的アルゴリズムの研究に携わっていた経験がありました。遺伝的アルゴリズムとは、結果を生成し、自身を変異させ、また別の結果を生成し、ということを終了条件が満たされるまで繰り返すアルゴリズムです。例えば、変異の手法の1つにルーレット変異というものがあります。アルゴリズムが1つ以上の定数値を使用する場合、この変異はルーレットからランダムに新しい値を選びます。

このようなアルゴリズムを設計するとき、作成者は変異を操作したいと思うかもしれません。例えば、低い値やマイナスの値の方が、より望ましい結果が得られることに気づいたような場合です。そうした際、設計者は、設計の適性を判断する目的関数である適応度関数と呼ばれる機構を使用します。

『進化的アーキテクチャ』では、ソフトウェアアーキテクチャのガバナンスと適応度関数の概念を融合させ、アーキテクチャ適応度関数という考え方を、次のように定義しました。「アーキテクチャ適応度関数とは、アーキテクチャ特性に対する客観的な評価基準を提供するあらゆるメカニズムである」。

この定義には、いくつかの注目すべき用語があります。登場する順に一つずつ見ていきましょう。

**アーキテクチャ特性**

アーキテクトが行う構造設計は、**ドメイン**と**アーキテクチャ特性**の2つに基づいて行われます。**ドメイン**とは、ソフトウェアを書く動機、問題領域のことです。**アーキテクチャ特性**（非機能要件、横断的要件、システム品質特性）は、設計におけるドメインによらない考慮事項です。アーキテクチャ特性には、パフォーマンス、スケーラビリティ、弾力性、可用性などがあります。適応度関数は主にアーキテクチャ特性に関するものです。ドメインをテストするツール群（ユニットテスト、機能テスト、ユーザー受け入れテストなど）が成熟してきている一方で、アーキテクチャ特性の検証は、ビルド時間のチェック、本番

---

†1 『進化的アーキテクチャ』の「2章 適応度関数」。

環境の監視、フォレンジック[†2]など、目的に応じて個別に行われてきました。適応度関数は、そうした常に関連していたのに一貫して扱われてこなかった、アーキテクチャ特性の検証を1つの傘の下に統合するものです。

**客観的な評価基準**

アーキテクチャ特性には多くの異なる定義が存在します。また、ソフトウェア開発エコシステムの変化のスピードが速いこともあり、業界は標準的なリストの定義に成功していません。例えば、Webアプリケーションのパフォーマンス指標はモバイルアプリケーションには適しません。エコシステムが変われば、計測対象の種類も変わるからです。しかし、どのようなアーキテクチャ特性であっても、アーキテクトは客観的にそれを計測・検証できる必要があります。

アーキテクチャ特性の中には、**信頼性**のように、可用性やデータ完全性、その他多くのものを含む、包括的なものがあります。これらは**複合アーキテクチャ特性**として知られ、客観的に計測可能な他の値で構成されています。したがって、計測方法を決定できない場合には、それが複合アーキテクチャ特性である可能性があります。

**あらゆるメカニズム**

開発者は、与えられたプラットフォームに対して単一のテストツールを持つことに慣れています。例えば、Javaプラットフォームでは、プラットフォームに関連した多くのテストフレームワークが存在します。しかし、アーキテクチャは単一のプラットフォームを超え、さまざまな種類の動作を包含しています。そのため、アーキテクトや開発者は、テストライブラリ、パフォーマンス監視、カオスエンジニアリングなど、さまざまなツールを使って、プロジェクトの適合機能を実装する必要があります。

アーキテクトは、**図8-1**に示すように、テストツールの枠を超えて、検証方法に対する視野を広げる必要があります。

†2 訳注：不正アクセスや機密情報の漏えいなどが起きていないかを記録、分析、保全すること。

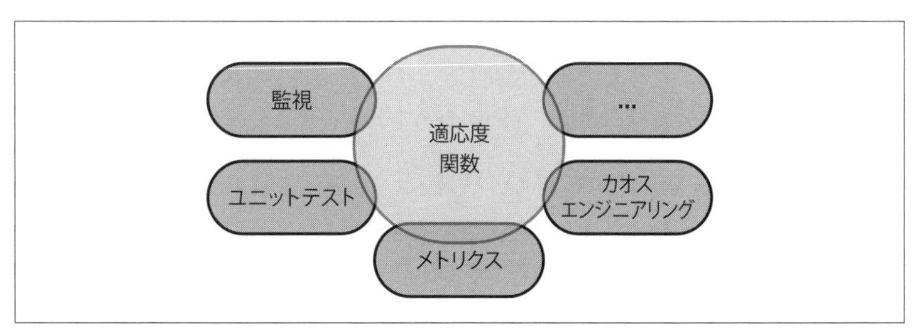


図8-1 適応度関数はさまざまなツールやメカニズムを包含する

**図8-1** が示すように、適応度関数はユニットテストと重なります。どちらも、ユニットテストや専用ライブラリ内のコードレベルのメトリクス、SonarQube（https://www.sonarqube.org）のようなメトリクス評価ツール、運用アーキテクチャの特性のモニター、Netflix の Simian Army（https://oreil.ly/08qk4）などの全体的なストレステストのフレームワーク、その他多くのものを使用します。

**適応度関数**は、アーキテクトがアーキテクチャのパーツを検証するさまざまな方法を表す包括的な用語ですが、自動化によって初めて、この実践がエンジニアリングになるのです。

## 8.2 メトリクスからエンジニアリングへ

計測と検証を定常的に行うことで、メトリクスは適応度関数になります。より望ましいのは、ユニットテストをはじめとするさまざまなテストを用いて検証を表現し、コードが変更されるたびに自動的に実行されるようになっていることです。

多くのチームは、前述の SonarQube のようなツールをビルドに組み込み、ダッシュボードの作成やコード品質の計測などを行います。実際、本書には、アーキテクチャを検証するための優れたアイデアがたくさん掲載されています。しかし、チームが客観的な閾値を設定して定期的にメトリクスを計測するという追加のステップを踏まなければ、収集したメトリクスは積極的な変化をもたらすためのものではなく、事後証拠となってしまいます。

例として、コンポーネントの循環チェックを紹介します。これは一般的なコードレベルのメトリクスで、ほとんどすべてのプラットフォームで適用可能です。**図8-2** の

3つのコンポーネントを考えてみましょう。

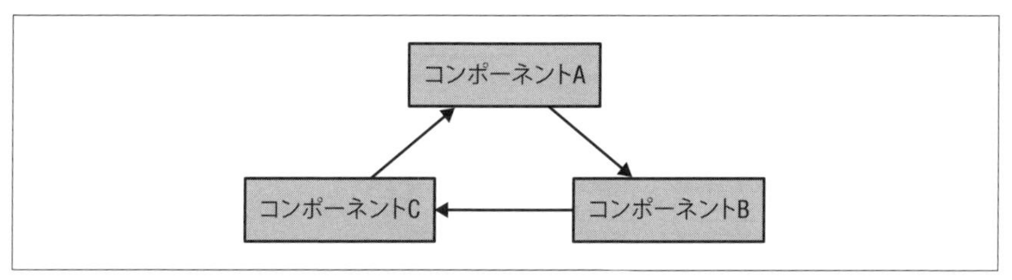


図8-2 循環依存関係にある3つのコンポーネント

**図8-2**に示す循環依存関係は、アンチパターンとみなされています。開発者がコンポーネントの1つを再利用しようとするときに、絡み合ったコンポーネントのすべてを再利用しなければならないという困難をもたらすからです。そのため、アーキテクトは循環の数を低く抑えたいと考えるものですが、便利なツールがそこに立ちはだかります。最新のIDEで、開発者がまだ参照していない名前空間／パッケージのクラスを参照するとどうなるでしょうか。必要なパッケージを自動的にインポートするために、自動インポートダイアログがポップアップ表示されてしまいます。

開発者はこの挙動に慣れてしまっており、反射的に自動インポートを許可してしまいます。実際に注意を払うことはありません。大抵の場合、自動インポートは何の問題も起こさない素晴らしい便利なものです。しかし、時折、コンポーネント循環を引き起こしてしまうことがあります。これを防ぐにはどうしたら良いでしょうか？

**図8-3**に示すパッケージのセットを考えてみましょう。

ArchUnit（https://www.archunit.org）は、JUnitにインスパイアされた（そしてその機能の一部を使用した）テストツールです。**例8-1**に示すように、特定のスコープ内のサイクルをチェックするバリデーションなど、さまざまなアーキテクチャ機能をテストするために使用されます。

例8-1 ArchUnitにはコンポーネント循環を検出する機能がある

```
public class CycleTest {
    @Test
    public void test_for_cycles() {
        slices().
          matching("com.myapp.(*)..").
```

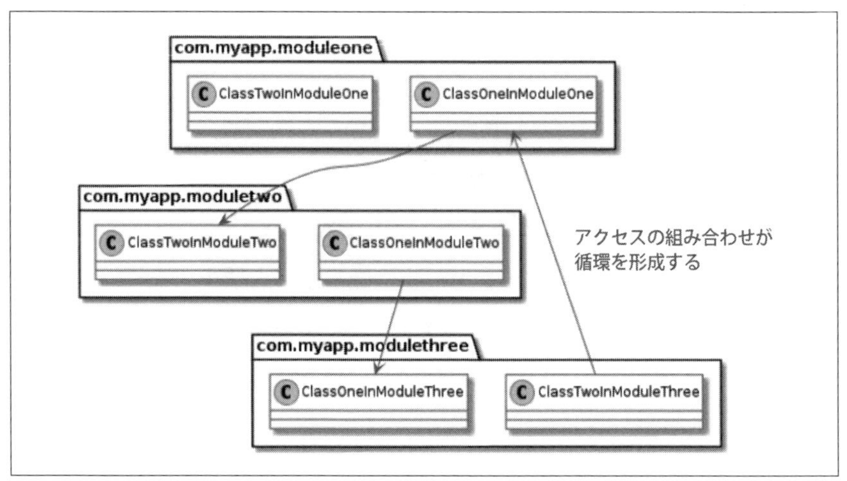


図8-3 Java パッケージとして現れる循環

```
            should().beFreeOfCycles()
   }
```

**例8-1** のテストは、さまざまなツールで使用される、よくあるメトリクスです。**図8-4** に示すように、自動化を用いて継続的に検証することによって、このメトリクスはエンジニアリングへと変換されます。

**図8-4** に示すように、適応度関数は、ユニットテストや機能テスト、UAT（ユーザー受け入れテスト）など、プロジェクトにすでに存在する検証メカニズムとともに使用されます。適応度関数を常に実行することで、アーキテクトはガバナンス違反をできるだけ早く発見できます。

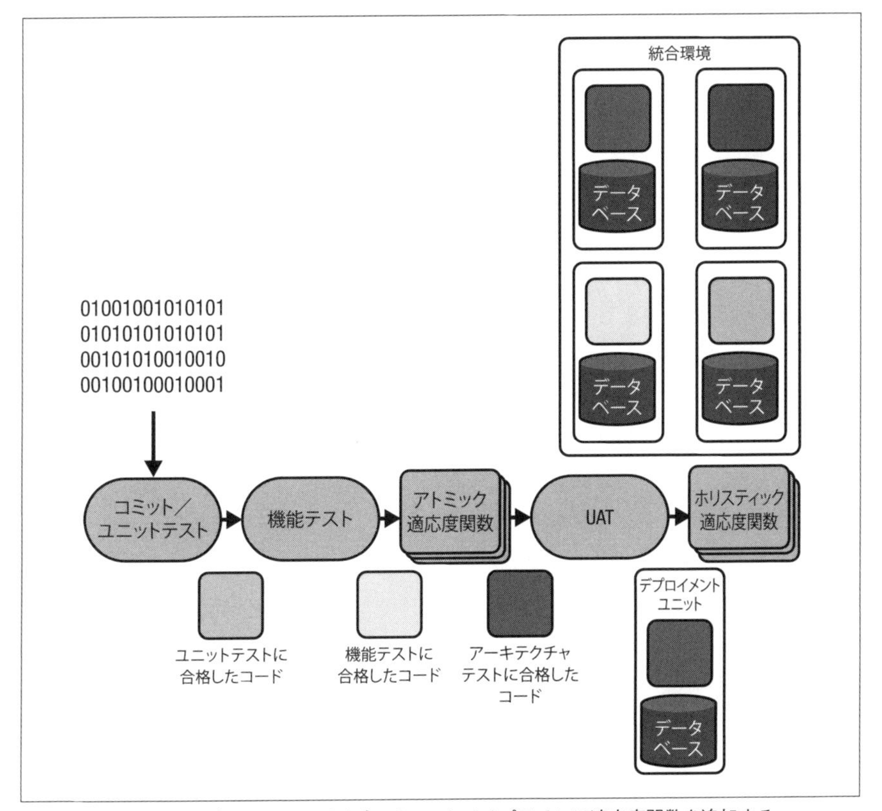


図8-4 継続的インテグレーション／デプロイメントパイプラインに適応度関数を追加する

## 8.3 自動化によってメトリクスを運用する

1990年代初頭、Kent Beckは開発者グループを率いて、その後30年にわたるソフトウェア工学の進歩の原動力の1つを明らかにしました。彼が先進的な開発者たちとともにC3プロジェクトに取り組んでいた頃です。当時流行していたソフトウェア開発プロセスは、どれも安定した成果を上げることができていませんでした。そこでKent Beckが始めたのが、**エクストリームプログラミング（XP）**という、過去の経験から自分たちがうまくいっていると思うことを、最も極端な方法で実行するというアプローチです。例えば、テストカバレッジが高いプロジェクトでは、コードの品質も高くなる傾向があるというのが、Beckらの経験則でした。そこで発明されたのが**テスト駆動開発**です。テスト駆動開発とは、テストがコードに先行するため、すべてのコードがテストされることを保証する開発手法です。

Beck らの重要な見解の一つは、統合（インテグレーション）にまつわるものでした。当時は、ほとんどのソフトウェアプロジェクトに統合フェーズが存在していました。開発者には、数週間から数ヶ月の間、孤立した状態でコーディングを行い、プロジェクトの統合フェーズで変更点をマージすることが期待されていました。実際、当時普及していた多くのバージョン管理ツール（ClearCase など）は、開発者レベルでこの隔離を強制していました。このやり方は、ソフトウェアによく適用される製造業のメタファーに基づくものでした。XP の開発者たちは、過去のプロジェクトで、統合の頻度が高いほど問題が少ないという相関関係に注目し、すべての開発者が少なくとも 1 日に 1 回は開発のメインラインにコミットする、継続的インテグレーションを発明しました。

継続的インテグレーションをはじめとする XP のプラクティスの多くが示すのは、自動化と漸進的な変化の力です。継続的インテグレーションを使用しているチームは、マージ作業を定期的に行う時間が短いだけでなく、**かかる時間全体**を削減しているのです。チームが継続的インテグレーションを実践する場合は、たとえマージコンフリクトが生じても、少なくとも 1 日のうちには解消されます。しかし、最終的な統合フェーズを使用する場合、マージコンフリクトの組み合わせは泥の塊となり、プロジェクト終了時にそれを解かなければなりません。

自動化は統合のためだけに重要なのではなく、エンジニアリングの最適化においても重要です。継続的インテグレーション以前は、開発者は手作業のタスク（インテグレーションとマージ）を何度も何度も行う必要がありました。

2000 年代初頭、DevOps 革命の中で、私たちは自動化の利点を再認識しました。OS のインストールやパッチの適用、その他の手作業でデータセンター内を走り回っていたせいで、チームは重要な問題を見過ごしていたのです。Puppet や Chef などのツールによる自動マシンプロビジョニングの登場により、チームはインフラを自動化し、一貫性を強制できるようになりました。

『進化的アーキテクチャ』を執筆する際に、私たちは同じような現象を観察しました。アーキテクトは、コードレビューやアーキテクチャレビュー委員会など、手作業による官僚的なプロセスによって、ガバナンスチェックを行おうとしていました。適応度関数を継続的インテグレーションに関連付けることで、アーキテクトはメトリクスやその他のガバナンスチェックを、定期的に適用される完全性の検証に変換できます。

**例8-1**の循環依存関係をチェックする適応度関数は、ガバナンスを自動化する利点を示しています。アーキテクトがコンポーネント循環を防ぐのにもっと良い他のやり方はあるでしょうか？ コードレビューやその他の手動による検証は、介入を必要とし、ガバナンスチェックを遅らせることになります。自動化された適応度関数テストを導入すれば、超人的な勤勉さをアーキテクトに要求することなく、有害なコードがコードリポジトリに入るのを防げます。

## 8.4　ケーススタディ：結合

目的に応じた適応度関数のフレームワークを見つけられるのが一番ですが、そのためのツールが見つからないからといって絶望する必要はありません。ここでは、構造に対するメトリクステストを行う例を紹介します。まず初めに、既存のツールを使用する例を紹介し、次に、必要に応じてツールを構築する例を紹介します。

コンポーネントの内部構造は、メトリクスを用いたチェックによるガバナンスの恩恵を受けられる、アーキテクチャの一般的な側面です。**図8-5**に示すような、一般的なアーキテクチャスタイルであるレイヤードアーキテクチャを考えてみましょう。

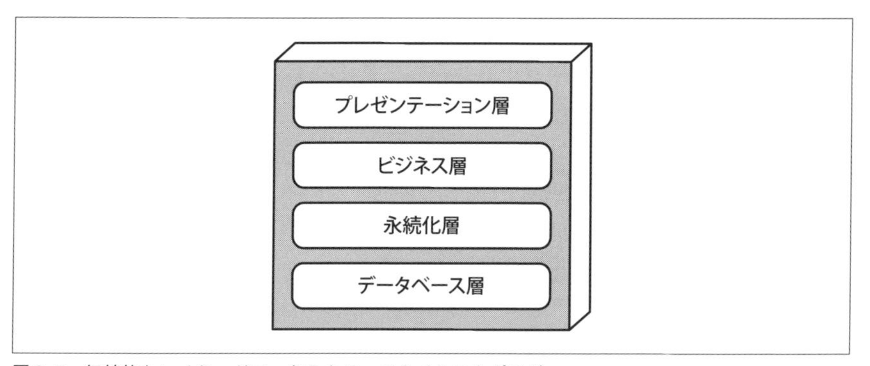


図8-5　伝統的なレイヤードアーキテクチャスタイルのトポロジー

アーキテクトは、関心事の分離を確実にするために、**図8-5**に示すようなレイヤードスタイルを設計します。しかし、このアーキテクチャを設計したところで、開発チームがそれを正しく実装することを、アーキテクトはどうやって保証するのでしょうか。チームは分離の重要性を知らないかもしれませんし、許可を求めるよりも許しを請う方が望ましいという文化を持つ組織で働いている可能性もあります。

どちらの場合でも、アーキテクトはArchUnitを使ってこのトポロジーの構造テストを定義することで、自分の設計が正しく実装されているかを確認できます。**図8-6**に示すようなパッケージ構造を考えてみましょう。

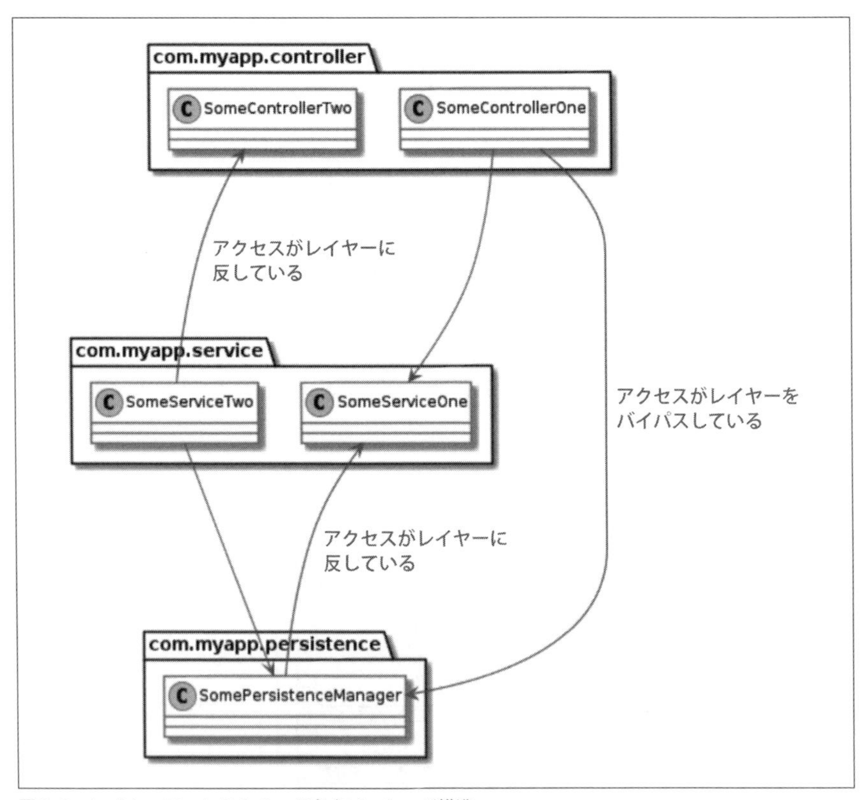


図8-6 レイヤーアーキテクチャを表すパッケージ構造

アーキテクトはArchUnitフレームワークから次のようなユニットテストを通して**図8-6**に示すアーキテクチャ構造を保持するためのガバナンスルールを定義でき

ます。

**例8-2** のコードを使うと、アーキテクトは ArchUnit に含まれる Hamcrest matchers を使って英語のようなユニットテストを作成し、レイヤーの関係を定義して望ましくない結合を防げます。

例8-2　レイヤーアーキテクチャを検証する ArchUnit ユニットテスト

```
layeredArchitecture()
    .layer("Controller").definedBy("..controller..")
    .layer("Service").definedBy("..service..")
    .layer("Persistence").definedBy("..persistence..")

    .whereLayer("Controller").mayNotBeAccessedByAnyLayer()
    .whereLayer("Service").mayNotBeAccessedByAnyLayer("Controller")
    .whereLayer("Persistence").mayNotBeAccessedByAnyLayer("Service")
```

ArchUnit のようなツールが使えれば非常に便利なのですが、ArchUnit は Java のプラットフォームでしか利用できず、コンパイル時の検証にしか利用できません。同様のツールである NetArchTest（https://oreil.ly/CUako）も、.NET プラットフォームでしか利用できません。では、それ以外のプラットフォームではどうしたらよいのでしょうか。さらに重要なことですが、マイクロサービスのような分散アーキテクチャの場合、同じような検証はできるのでしょうか。

多くの場合、アーキテクチャの解決には手作業が求められます。ほとんどのアーキテクチャは汎用的なものではありません。良い／悪い、古い／新しい、選んだツール／押し付けられたツール、フレームワーク、パッケージなどのごった煮のような組み合わせです。しかし、標準的なツールを使うことで、アーキテクトは同じ目的を果たすシンプルな適応度関数を構築できます。

例えば、**図8-7** に示すようなマイクロサービスのトポロジーを考えてみましょう。**図8-7** では、一番左のサービスがオーケストレーターとして機能し、右側の 3 つのドメインサービス間でワークフローを調整しています。アーキテクトとしては、ドメインサービスはオーケストレーターだけとしか相互作用させないようにしたいでしょう。

この問題は、**図8-6** に示したレイヤーアーキテクチャのトポロジーの問題に似ています。ですが、これを管理する単一のツールは存在しません。なぜなら、分散アーキテクチャのバリエーションを考えると、そのようなツールを構築することはほぼ不可

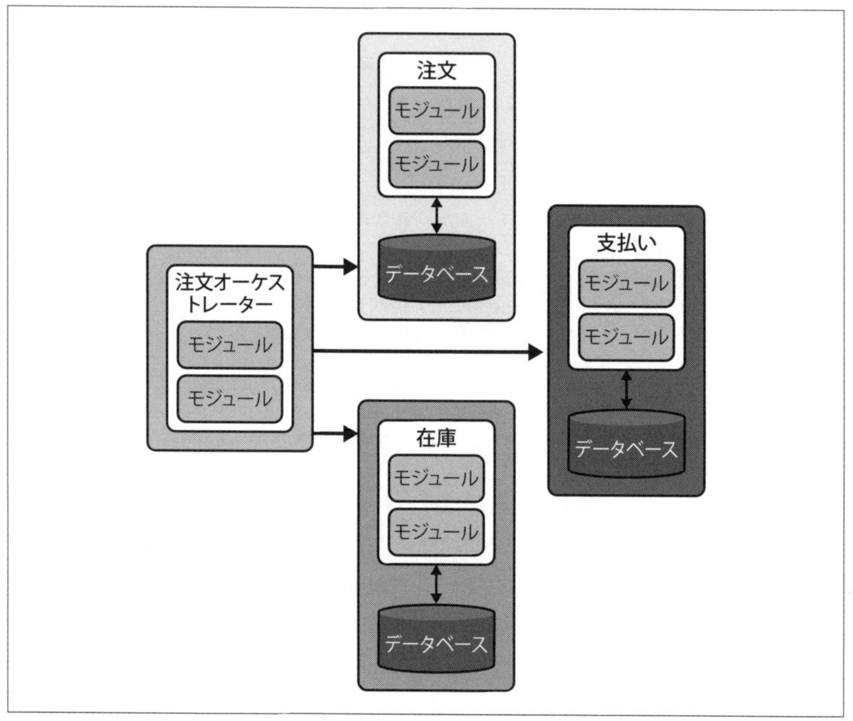


図8-7 マイクロサービスアーキテクチャにおけるオーケストレーション化されたワークフロー

能だからです。これは、アーキテクトが技術の組み合わせで利用可能な機能を使用して、自ら作り上げなければならない必要なツールの好例です。

アーキテクトは、**例8-3**の擬似コードが示すような、オーケストレーターの通信を検証するための適応度関数を実装できます。

例8-3 許容されるオーケストレーター通信を検証するための擬似コードによる適応度関数

```
def ensure_domain_services_communicate_only_with_orchestrator
  list_of_services = List.new()
                       .add("orchestrator")
                       .add("order placement")
                       .add("payment")
                       .add("inventory")
  list_of_services.each { |service|
    service.import_logsFor(24.hours)
```

```
        calls_from(service).each { |call|
          unless call.destination.equals("orchestrator")
              raise FitnessFunctionFailure.new()
        }
      }
    end
```

**例8-3**では、サービスのリストと望ましい通信ルールを定義しています。しかし、ArchUnitの場合とは異なり、特定のアーキテクチャ向けにこれらのルールを検証するフレームワークは存在していません。したがって、アーキテクトは検証を構築するために必要な情報を発見するコードを書かなければなりません。この例では、各サービスが特定の時間のスナップショット内で行うサービス呼び出しのそれぞれについて、ログを提供すると仮定しています。適応度関数の本体は、各サービスの過去24時間のログをロードし、それぞれを解析して呼び出し先を決定します。呼び出し先がルールと異なる場合、コードは例外を発生させて失敗を示します。

アーキテクトは、**例8-3**の適応度関数をさまざまな方法で実装できます。例えば、チームがフォレンジックロギングではなく監視を使用した場合には、適応度関数はサービス呼び出しに関するリアルタイム情報を参照できるようになるため、イベントハンドラを利用して不正なコールを調査し、アラートを上げることになるでしょう。

適応度関数の実装に使える既製ツールがすぐに見つからなくても、諦めないでください。現代の開発エコシステムに存在する多くのツールは、その出力をつなぎ合わせるための小さくアドホックな適応度関数の実装を可能にしています。

## 8.5 ケーススタディ：ゼロデイセキュリティチェック

アーキテクトは、メトリクスを低レベルのコード評価と考えがちです。しかし、適応度関数と組み合わせることで、組織が必要とする範囲までそれを広げられます。

2017年9月7日、アメリカの大手信用情報会社であるEquifaxは、データ漏えいがあったことを発表しました。この問題の原因は、Javaエコシステムで人気のあるWebフレームワークStrutsのハッキングにあることが最終的に分かりました(Apache Struts CVE-2017-5638)。Apacheソフトウェア財団は、脆弱性を公表する声明を発表し、2017年3月7日にはパッチをリリースしていました。国土安全保障省はその翌日に、Equifax 社をはじめとする企業にこの問題を警告する連絡を行い、企業らは 2017 年 3 月 15 日にスキャンを実行し、**ほとんどの**システムが影響を受けることが判明しました。しかし、多くの古いシステムに重要なパッチが適用されたのは、Equifax 社のセキュリティ専門家がデータ漏えいにつながるハッキング行為を確認した 2017 年 7 月 29 日になってからでした。

どんなに怠惰なプロジェクトにも、**図8-8** に示すようなデプロイメントパイプラインがあり、セキュリティチームには各チームのデプロイメントパイプラインの中に適応度関数をデプロイできる「スロット」がある、という世界を想像してみてください。

スロットは大抵、生のパスワードをデータベースに保存していないかといった、ありふれたガバナンスチェックを安全対策として行うのに使われます。しかし、ゼロデイ脆弱性のような緊急度の高い脆弱性が発生した場合には、セキュリティチームはこの仕組みを利用して、すべてのプロジェクトに対し、特定のフレームワークとバージョン番号をチェックするテストを挿入できます。もし危険なバージョンが見つかれば、ビルドは失敗し、セキュリティチームに通知されます。Equifax のアーキテクトが、開発が活発でないプロジェクトも含めて、すべてのプロジェクトにデプロイメントパイプラインを活用させていれば、ガバナンスを自動化できていたでしょう。各チームは、コード、データベーススキーマ、デプロイメント構成、適応度関数といったエコシステムに変更があった場合に、デプロイメントパイプラインが起動するように設定します。これにより、企業は通常のメトリクスで考えるよりもはるかに広範な範囲で重要なガバナンスタスクを一元的に自動化できます。

適応度関数はアーキテクトに多くのメリットをもたらしますが、その中でも特に重要なのは、再びコーディングをできるようになることです。アーキテクトの普遍的な不満の一つに、「もうあまりコーディングができない」というものがありますが、適応度関数は多くの場合コーディングを伴います。プロジェクトのビルドを実行すれば誰でも常に検証できる、アーキテクチャの実行可能な仕様を構築するには、アーキテクトはシステムとその継続的な進化をよく理解しなければなりません。これは、コードの成長を追い続けるというアーキテクトの主要な目標とも重なります。

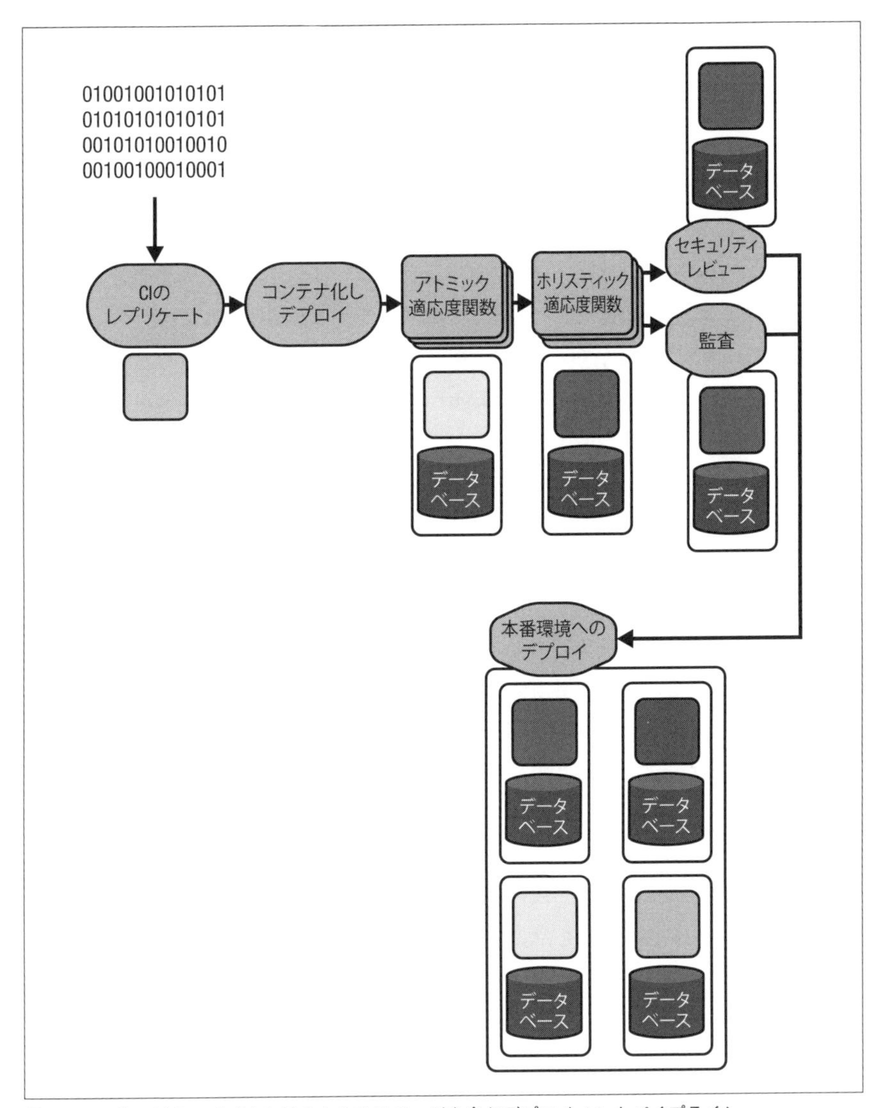


図8-8　セキュリティガバナンスのためのステージを含むデプロイメントパイプライン

## 8.6 ケーススタディ：忠実度[†3]を測る適応度関数

新旧の比較を可能にする**忠実度を測る適応度関数**は、メトリクスと技術プラクティスを組み合わせることによる威力を発揮します。現実世界の多くのアーキテクトが直面する共通の難問は、「古いシステムを新しいシステムに置き換える際に、新しいシステムが古いシステムと同じ結果を出すことを確認するにはどうしたらよいか」というものです。言い換えれば、アーキテクトはどのようにして2つの実装の忠実度を保証できるのかとも言えます。その答えが、忠実度を測る適応度関数です。

最後のケーススタディ、GitHubのエンジニアリングブログにある「Move Fast and Fix Things」(https://oreil.ly/JXuEu) は、進化的アーキテクチャの定義の多くの側面を結びつけるものです。このケーススタディは、継続的デプロイのような積極的なアジャイルプラクティスが許容できないほどにリスクを増加させるという、よくある議論にも疑問を投げかけます。実際、これらの技術的プラクティスを行っているチームの方が、むしろリスクを軽減する方法を見つけるということを、現実は示しています。

GitHubは非常にアグレッシブなエンジニアリング組織です。開発者がコードベースに変更を加えると、その変更はデプロイメントパイプラインを通過し、エラーがなければ本番稼働に移行します。GitHubでは、1日平均60件のデプロイを行うだけでなく、エッジケースではほとんど瞬時に本番に反映されるといった運用も行っています。

ブログの記事にあるように、GitHubが取り組んだ問題はマージに関するものでした。GitHubはそれまで、コマンドラインGitを利用したシェルスクリプトを実行してファイルをマージしていました。これは完璧に機能するものの、特に拡張性が高いわけではありません。そこで、パフォーマンスを向上させるために、このブログで紹介されているのが、Gitのマージ処理に代わる新しい処理方法です。

チームは新しいインメモリなマージ機能を構築し、正しく動作することを確認するテストを実施していました。しかし、いつかそれを本番環境にデプロイしたときに、何かを壊してしまうのではないかという不安がありました。単にマージが失敗するだけならまだ良いでしょう。ですが、マージ前のコードにこれまで知られていなかった

†3　訳注：fidelity（フィデリティ）。2つの状態の類似度を表す指標。

結合点が存在し、それが致命的な失敗を引き起こすとしたらどうでしょう。これが、多くのチームが最新の技術を取り入れられない原因です。

GitHub チームが行ったのは、Scientist（https://oreil.ly/0AF3j）というツールを作り、ユーザーがバグにさらされることなく、チームがアーキテクチャ内で安全に実験を行えるようにすることでした。

Scientist では、開発者は use と try という 2 つの節を持つ実験を作成できます。use 節には、置き換える古いコードを含み、try 節には新しい動作を含みます。マージを行うにあたっての実験は、**例8-4** に示す create_merge_commit メソッドの中にカプセル化されました。

例8-4 science ブロックを含むコミットメソッド

```
def create_merge_commit(author, base, head, options = {})
  commit_message = options[:commit_message] || "Merge #{head} into #{base}"
  now = Time.current

  science "create_merge_commit" do |e|
    e.context :base => base.to_s, :head => head.to_s, :repo => repository.nwo
    e.use { create_merge_commit_git(author, now, base, head, commit_message) }
    e.try { create_merge_commit_rugged(author, now, base, head,
        commit_message) }
  end
end
```

**例8-4** では、science ブロックが use と try の 2 つの節のディスパッチャとして機能しています。それぞれの呼び出しに対して、use ブロックは常に実行され、その出力は常にユーザーに返されます。したがって、ユーザーは自分が実験の一部であることを意識することはありません。アーキテクトは、try ブロックを実行する頻度を決定するためにフレームワークを設定します（マージ実験では、リクエストの 1% で実行されました）。use と try の両方が実行されるとき、フレームワークは次のことを行います。

- ランダムな順で use と try を実行する。
- 両方の呼び出しの結果を比較し、忠実度を確認する。
- try ブロックが発生させた例外をすべて記録する。
- **図8-9** に示すような結果をダッシュボードに公開する。

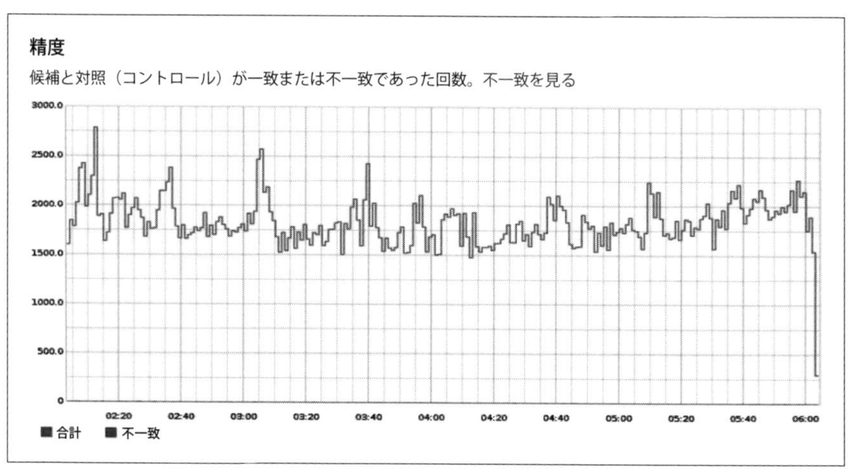


図8-9　数時間のマージ実験の結果を示すダッシュボード

**図8-9**のダッシュボードによると、GitHubは2:20に2,000回強のマージを実行したことが分かります。GitHubはこのような規模で運営されているため、このビューではエラーがなかなか表示されません。**図8-10**は、同じ時間帯のエラーだけを示したものです。

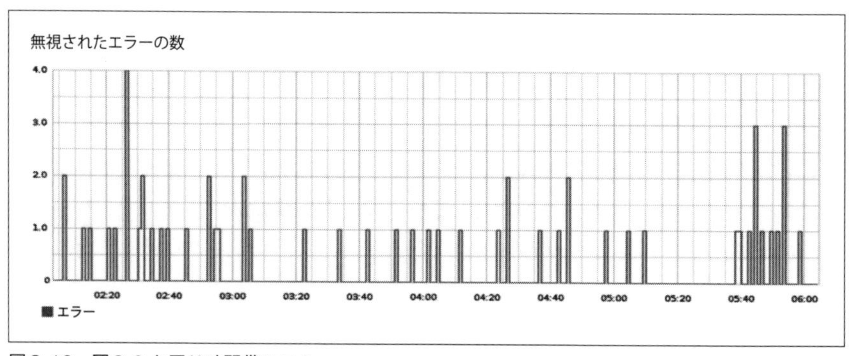


図8-10　図8-9と同じ時間帯のエラー

**図8-10**で示されているように、新しいコードにはバグが存在していました。しかし、Scientistのおかげで、ユーザーはこれらのエラーを見ることはありません。こ

の期間中、この実験と他のコードの両方で継続的なデプロイが行われ続けたことを思い出してください。

この実験の目的の一つはパフォーマンスの向上でした。**図8-11** のグラフでその成果が確認できます。

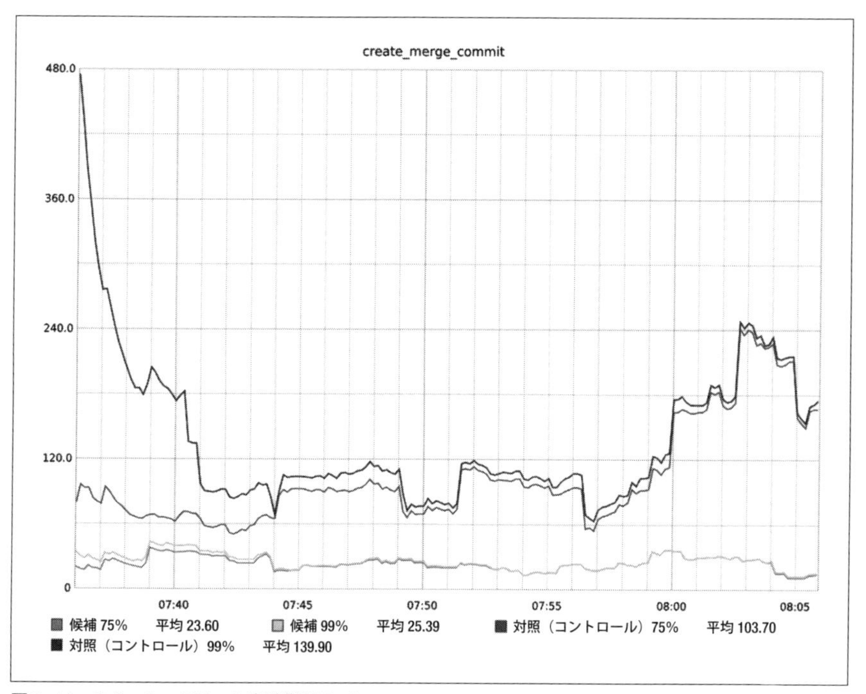


図8-11　Scientist を用いた実験期間のパフォーマンスメトリクス

GitHub のアーキテクトはこの実験を 4 日間行い、不一致や例外ケースが全く発生しないことを確認した後、古いマージコードを削除して新しいコードを配置しました。この 4 日間で、1,000 万回以上の実験が行われ、新しいコードが正しく動作するという高い信頼性が得られました。

Scientist は、フィーチャーフラグとパフォーマンスメトリクスを用いて実装された、忠実度を測る適応度関数です。このアプローチは、エンジニアリングとメトリクスの相乗効果が、いかに威力を発揮するかを示しています。

## 8.7 結論

適応度関数がいかに強力であっても、アーキテクトはその使い過ぎに注意すべきです。徒党を組んで象牙の塔へとこもり、開発者やチームをイライラさせるだけの、やたら複雑で組み合わさった適応度関数のセットを構築するようなアーキテクトになってはいけません。適応度関数とは、ソフトウェアプロジェクトにおいて**重要**だけれど**緊急**ではないソフトウェアプロジェクトで順守させたいルールを、実行可能なチェックリストとして構築するための方法です。多くのプロジェクトは、緊急時に正しい方向を見失い、重要な原則に従うのを止めてしまいます。それが技術的負債を生む原因です。「これは良くないと分かっているけど、後でまた直そう」……そして、それが後で直されることはありません。アーキテクトは、継続的に実行される適応度関数としてコードの品質や構造などのルールをコード化することで、開発者がスキップできない品質チェックリストを構築します。

Atul Gawande による優れた著書『アナタはなぜチェックリストを使わないのか？』（晋遊舎）[12] は、外科医や航空会社のパイロットなどの専門家が、仕事の一部としてチェックリストを一般的に使用していることを紹介しています（時には強制的にも使用されるそうです）。それは、たとえプロであっても、同じ作業を何度も繰り返すとついうっかり忘れてしまうということは起きるからであり、それを防ぐのがチェックリストなのです。適応度関数は、アーキテクトが定義した重要な原則のチェックリストであり、開発者が誤って（あるいはスケジュールのプレッシャーなどの外的要因で意図的に）スキップしないように、ビルドの一部として実行されます。

メトリクス（他の多くの検証手法も含む）とエンジニアリングの融合は、アーキテクチャのガバナンスに新たなレベルと能力をもたらし、難解な技術から適切なエンジニアリングの規律へと向かうソフトウェア開発の旅をさらに進めるでしょう。

# 9章
# ソフトウェアメトリクスを使用して保守性を確保する

Alexander von Zitzewitz

本章では、プロジェクトガバナンスに利用できる興味深いソフトウェアメトリクスをいくつか紹介します。紹介するのは、コードの結合、アーキテクチャの侵食、コードの複雑さ、設計品質などを評価するためのメトリクスです。本章で紹介するメトリクスの適切な使用は、保守性を高く保ち、全体的な開発・保守コストを下げ、プロジェクトのリスクを軽減する上で重要な役割を果たします。また、定期的に追跡することで、有害な傾向を早期に発見し、まだ修正が容易なうちに問題を解決できます。

## 9.1　メトリクスを使う理由

複雑なプロダクトを作るすべての業界は、品質とユーザビリティを確保するためにメトリクスを使用しなくてはなりません。現代の製造業では、厳格な品質測定は欠かせないものとなっています。この点で、ソフトウェア産業は他の産業に比べ明らかに遅れています。メトリクスを活用して品質やユーザビリティを保証するアプローチを取ることで、ソフトウェア産業はより前に進むことができます。

メトリクスの最も良い活かし方は、**メトリクスベースのフィードバックループ**を運用することです（**図9-1** 参照）。メトリクスベースのフィードバックループを運用すれば、プロダクトが計測可能な品質基準を満たしている状態を保持できます。フィードバックループを回すことで、全体的な品質に加え、ソフトウェアの保守性も向上します。保守性が向上すると、可読性が上がることでコードの理解にかかる時間が減り、開発者はより多くの時間をコードの改善や追加にかけられるようになります。結果として、メトリクスベースのフィードバックループの運用は、プロジェクトに携わるすべての開発者の生産性を向上させます。

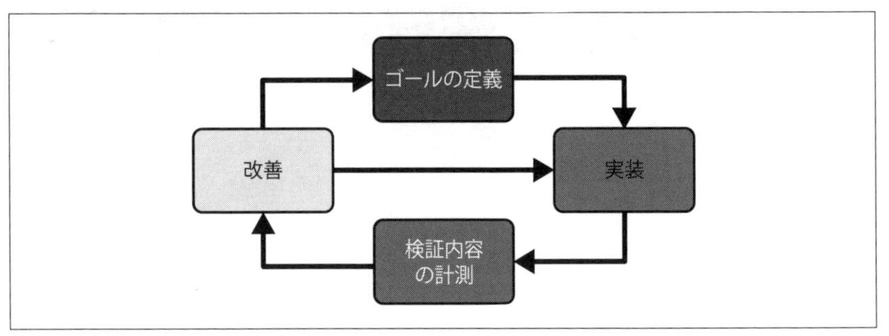


図9-1 メトリクスベースのフィードバックループ

**図9-1**は、メトリクスベースのフィードバックループを示したものです。このループでは、まず、一連のメトリクスを使用して計測できる定量的なゴールを定義します。そして、実際にゴールを達成しているかを継続的に検証しながら、プロダクトの実装に取り組みます。ゴールを達成できなかった場合は、それを達成できるまで実装を改善し、作業を続行します。

レガシーソフトウェアシステムでは、標準と定めたゴールを満たすのが困難な場合があります。理由は単純で、初期構築の段階から、それを念頭に置いてシステムが作られてこなかったためです。そういったシステムでは、定められたゴールに対し、通常多くのメトリクス違反が検出されます。そのような場合には、達成可能な、より緩やかなゴールから始めるのが適切です。そうでないと、山積みの問題に圧倒され、開発者の士気が下がってしまう危険があります。ゴールに達するごとに少しずつ基準を上げていきながら、継続的改善を続けていくようにしましょう。もちろん、それをする意味があるのは、ビジネス的な価値があり、開発が継続しているシステムに限ります。開発が終わっているコードベースのメトリクスを改善することには、ほとんど意味がありません。

### 9.1.1 エントロピーがソフトウェアを殺す

ソフトウェアシステムを開発する際の最大の敵は**エントロピー**です。エントロピーは**構造侵食**とも呼ばれます。構造侵食の最終的な状態は、大抵のソフトウェア開発者には恐ろしい「巨大な泥団子（big ball of mud）」としてよく知られています。巨大な泥団子とは、アーキテクチャ上のまとまりを失った、ひどくもつれたコードベースの代名詞です。この用語は、複雑に結合され、本来は無関係であるべきシステム要素間に望ましくない依存関係が多く存在するシステムを表しています。典型的な症状は、システムのある部分を変更すると、まったく関係のない部分の何かが壊れてしまうというものです。

別の症状には、循環依存関係が多く、その結果、循環グループが大きくなってしまうというものもあります（**図9-2**）。ソフトウェアメトリクスは、エントロピーの計測を得意としており、この問題を軽減するのにうってつけなツールです。

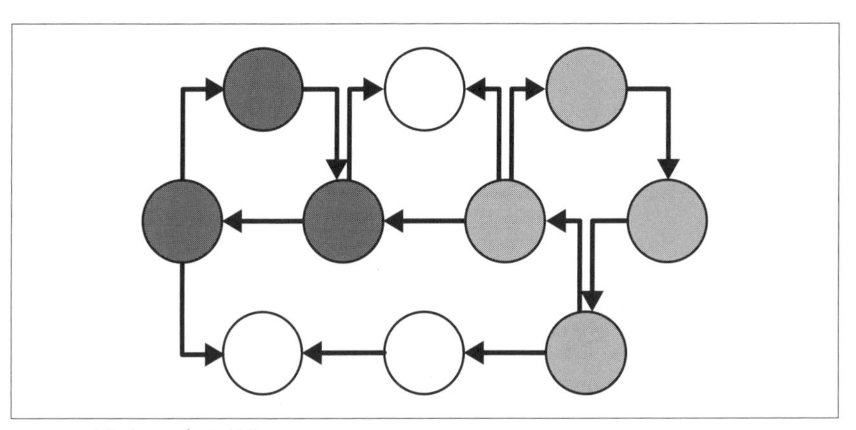

図9-2　循環グループの可視化

**図9-2**は、循環グループの概念を示しています。グラフのノードは、ソースファイル、名前空間、パッケージ、およびソフトウェアシステムのその他の要素を表しています。矢印は、要素間の依存関係を表しています。この例では、異なるグレーの色調で強調表示された2つの循環グループがあります。白いノードはいずれの循環依存関係にも属していません。

あるサイズに達した循環グループは絶えず肥大化し始めるということが、オープンソースシステムの分析の結果分かっています。代表的な例が、Apache Cassandra プロジェクトです。Apache Cassandra は、バージョン 2 の段階で、すでに約 450 個の Java ファイルからなる循環グループを持っていました。バージョン 3 になると、その循環グループの要素数は 900 以上となり、バージョン 4 では 1,300 以上まで肥大化しました。このような巨大な循環グループを、私は「コード癌」と呼んでいます。こうした循環グループは、肥大化していき、コードベースの大部分を食い潰してしまうからです。バージョン 4 では、143 要素と 31 要素の 2 つの新しいグループが加わり、腫瘍はさらに転移しています。Apache Cassandra は今では、全要素の約 75 % が大きな循環グループに属しています。

パッケージレベルで見ると、事態はさらに悪化しています。Apache Cassandra が持つ 113 個の Java パッケージのうち、102 個のパッケージが 1 つの大きな循環グループに属している状況です（**図9-3**）。パッケージや名前空間は、アーキテクチャのグループ化や意図を表現するのに適していますが、より重要なのは、それらの依存関係が循環しないよう保ち続けることです。

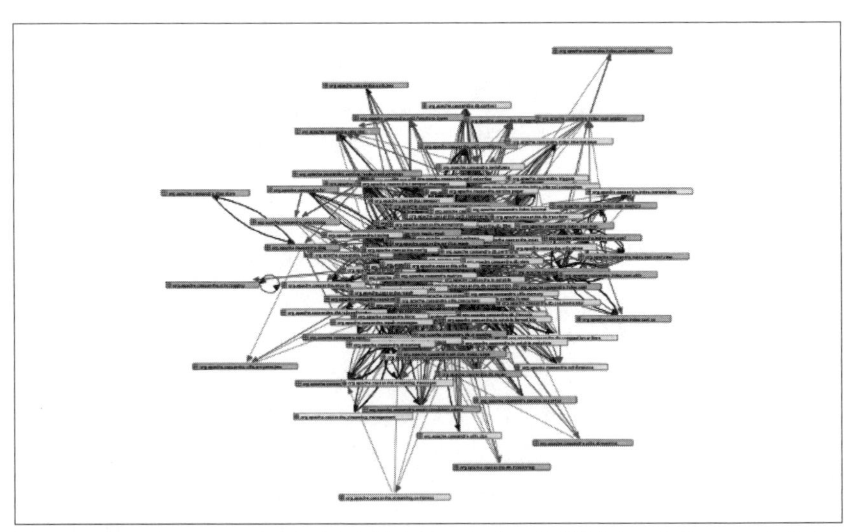

図9-3　Apache Cassandra の 102 個の要素を持つパッケージ循環グループ（Sonargraph による描画）

### 9.1.2 循環依存関係の有害性

Apache Cassandraは、プロジェクトとしてはうまくいっているように見えます。では、循環依存関係はなぜ良くないのでしょうか。一番良くないのは、循環依存関係があると、コードの一部を切り離してテストできなくなる点です。また、どのソースファイルを選んだ場合にも、文字通り、直接的または間接的に他のほとんどすべてに依存する可能性があるため、新しい開発者がコードを理解するのが難しくなります。

密結合には、特定の機能を分離して置き換えられなくなるという問題もあります。リスクの高い全体的な変更なしには機能を置き換えらないため、機能の置き換えには、より多くの時間が必要となります。密結合はモジュール化を不可能にしてしまうのです。例えるなら、Cassandraのアーキテクチャ図を「Cassandra」と書かれた1つのボックスにまとめてしまうようなものです。その図は確かに読みやすいかもしれませんが、ソフトウェアの内部構造を何も明らかにしません。

良い知らせもあります。すべての循環依存関係は断ち切ることが可能です。例えば、Robert C. Martinが提唱し、自身の著書『アジャイルソフトウェア開発の奥義』（ソフトバンククリエイティブ）[13]などで説明している「依存性逆転の原則」（https://bit.ly/3QiMCGs）を適用できます。この原則を利用すれば、インターフェイスを導入することで、通常は循環グループの依存関係を逆転でき、循環を断ち切れます。他にも、依存関係を上位のクラスに移すことで、要素間の直接的な依存を解消するといったテクニックも存在します。また、循環する要素間の通信を処理する低レベルのクラスに、循環を降格させることも可能です。あるいは、特定の機能をクラス間で移動させることで、循環を断ち切ることも可能でしょう。

コード癌を制御不能のままにしておいて良い理由はありません。循環グループの肥大化を防げば、コードはより良くなります。再利用はもちろんのこと、テストや理解、保守が容易になります。

### 9.1.3 メトリクスがどのように役立つか

構造侵食を避けるには、コードの依存関係を分析するためのメトリクスを使用できます。そうしたメトリクスの1つに、「最も大きな循環グループの要素数」があります。このメトリクスの閾値を5にしておけば、6以上の要素数を持つ循環グループが生まれたら、直ちに警告を受けられます。閾値を超えたらビルドが失敗するように設定することも可能です。いずれの場合も、コードを変更して循環グループを壊すか、少なくとも要素の数を6個未満に抑えることによって、ビルドを再びグリーンにできます。この程度の循環要素数であれば、修正は簡単かつ迅速に実装できるでしょう。

もちろん、循環依存関係を完全に避けられれば、それに越したことはありません。ですが、循環依存関係を完全に無くすというのは、あまり現実的ではありません。ここで私がしたいのは現実に即したアドバイスです。まず、1つの名前空間やパッケージの中の小さな循環グループは、それがモンスター級の循環グループへと肥大化しない限り、大きな害はありません。そして、解消できない循環依存は存在しません。例えば、「依存性逆転の原則」を適用して、依存関係の方向を逆転させるインターフェイスを追加できます（**図9-4**）。この反転は循環を断ち切るのに非常に有効です。循環を断ち切るテクニックは他にもいくつかありますが、本章では取り上げません。

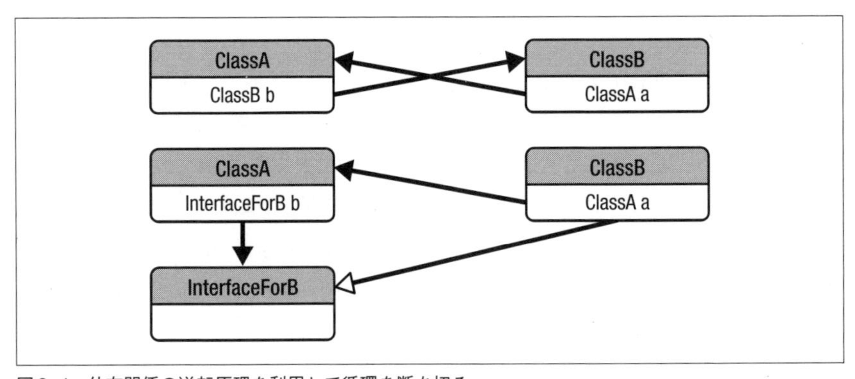


図9-4　依存関係の逆転原理を利用して循環を断ち切る

循環グループの大きさを制限するだけで、ソフトウェアが巨大な泥団子になるのを防げます。私の長年の経験では、10万行以上のコードを持つ複雑なソフトウェアシステムの80%以上が、最終的には巨大な泥団子になってしまいます。これは、ランダムに選んだオープンソースのシステムを分析すれば、簡単に確認できます。もしあなたのシステムがこの運命を避けられたなら、それはすでに同じようなサイズと複雑さを持つシステムの80%よりもうまくいっているということです。これは、新しい開発プロジェクトに着手する際に、摘み取るのが容易な「低い位置にぶら下がっている果物」と呼べるでしょう。

世の中には、同様のルールに従うことで、構造侵食の罠をうまく回避しているプロジェクトが存在します。有名な例には、Spring フレームワークがあります。Spring フレームワークは、よく構造化されているおかげで、小さな少数の小さな循環グループの状態で保たれています。

循環依存関係を制限するのが良い考えだと分かったところで、それをどう行うかを知りたくなったかもしれません。簡単に言うと、それにはツールが必要です。例えば、Sonargraph-Explorer（https://oreil.ly/VVVCR）は、循環グループのサイズに基づいてビルドを分割するオプションを提供し、いかなる用途でも完全に無料で使用できます[†1]。

## 9.2　なぜメトリクスはもっと広く使用されないのか？

ここまではメトリクスの有用性について説明してきました。では、なぜソフトウェア業界ではメトリクスベースのフィードバックループがほとんど使われていないのでしょうか。私がこのテーマで講演を行い、メトリクスを使用している方を尋ねると、100 人の聴衆の中で手を挙げるのはせいぜい 1 人か 2 人です。それには、次に示すような、いくつかの重要な理由があると私は考えています。

- 多くの開発者やアーキテクトは、メトリクスやその使い方についてよく理解していません。たとえ計算機科学を学んでいたとしても、ソフトウェアメトリクスがカリキュラムに含まれることはほとんどありません。あっても、せいぜいサブトピックとして扱われる程度です。学術的な背景がない場合には、メトリクスについて正式に学んだ可能性はさらに低くなります。
- メトリクスを活用するには、それを収集するツールが必要です。これは、ソフトウェアツールとしてはまだニッチな分野です。Sonargraph-Explorer のような素晴らしいツールもありますが、あまり知られていない上に、Java や C#のような主流の言語しかまだサポートされていません。
- メトリクスを効果的に使用するには、大抵の場合、コンテキストの理解と一定

†1　残念ながら、2022 年初頭の時点で、Sonargraph-Explorer は、Java、C#、Python しかサポートしていません。その他の言語については、自分でツールを書くか、商用ソリューションに頼らざるを得ないかもしれません。

レベルの専門知識を必要とします。せっかくメトリクスベースのルールを定めても、誤ったメトリクスを選んでしまっていたら、コードベースが本当に改善されることはありません。むしろ害になる可能性があります。その場合、単にメトリクスを満たすように開発者をトレーニングするだけでは、表面的な改善に終わってしまう可能性があります。

- あまりに多くのメトリクスベースのルールを定めてしまうと、開発者を困らせるだけで、メリットを得られないまま進捗だけが遅くなってしまう可能性があります。メトリクスベースのルールは5〜6個に抑えるのが最適だと私は考えています。それ以上ルールを増やすと、費用対効果が薄くなってしまいます。
- 多くの組織がすでに技術的負債に苦しんでいます。そういった組織では、多くの場合、プロセス改善の余地はほとんど残されていません。
- メトリクスベースのルールは、ルール違反がアクションの引き金になる場合にのみ有効です。つまり、成功させるには、ここでも自動化が必要になります。そして、そのための実装には時間がかかります。

本章の最後では、これらを考慮した、あらゆるプロジェクトの技術的品質を大幅に向上させる一貫したルールのセットを提案します。

## 9.3 メトリクスを収集するツール

さまざまなメトリクスについて詳しく説明する前に、ツールについて整理しておきましょう。結局のところ、メトリクスは何らかの方法で収集する必要があります。手動での収集は、大抵の場合望まれません。メトリクスを収集するツールを自作することは、もちろん可能です。しかし、すでに利用可能なツールがある場合には、その選択は筋が悪いことが多いです。商用ソリューションの購入よりもコストがかかるのが常ですし、長期的なメンテナンスを考えるなら、なおさら割りに合わないでしょう。採用しているプログラミング言語に新しい機能が追加されるたびに、果たしてそれに対応していけるでしょうか。また、本章で説明するような、より高度なメトリクスを収集するには、アプリケーション全体の完全な依存性モデルを構築する必要がありますが、それには、コンパイラの構文解析と依存性解決のステージを実装しなくてはなりません。ですが、それは困難で時間がかかり、リスクもある作業です。それなら、その時間をコードと開発プロセスの改善に投資した方がよっぽど合理的です。**表9-1**に、メトリクスを収集するための一般的なツールのサンプル一覧を示します。

表9-1 メトリクスを収集するための一般的なツールの一部と主な機能

| ツール | 機能 |
|---|---|
| Understand<br>(https://scitools.com) | 商用。多くの言語をサポート。主にサイズと複雑さのメトリクス |
| NDepend<br>(https://www.ndepend.com) | 商用。.Net をサポート、主にサイズと複雑さのメトリクス |
| Source monitor<br>(https://oreil.ly/GmGE3) | 無料。C++、C、C#、VB.NET、Java、Delphi、Visual Basic (VB6)、HTML をサポート。サイズと複雑さのメトリクスのみ |
| SonarQube<br>(https://sonarqube.com) | 一部の言語については無料。商用版はより多くの機能を利用可能。主にサイズと複雑さのメトリクス。 |
| Sonargraph-Explorer<br>(https://oreil.ly/ILjMe) | Java、C#、Python は無料。結合度、循環、サイズ、複雑さのメトリクスを含むメトリクス一式。商用版の Sonargraph-Architect は、変更履歴メトリクス（Git）と C/C++ もサポート。 |

ツールの選定では、いくつかのツールを実際に試してみて、一番気に入ったものを選ぶことをお勧めします。無料で使用できるツールもありますし、どの商用ツールも無料で評価版を提供しています。メトリクスベースのフィードバックループを運用する際に重要なのは、自動ビルドでメトリクスの閾値をチェックできるかどうかです。フィードバックループを回す際には、自動化がとても重要な成功要因になるからです。

## 9.4 有用なメトリクス

ここからは、有用なメトリクスのカテゴリーを紹介していきます。まずは、結合と構造侵食を計測するメトリクスを紹介します。次に、サイズと複雑さを計測するメトリクスを紹介します。その次は、変更履歴から得られるメトリクスを紹介します。最後に、いずれのカテゴリーにも当てはまらないメトリクスを紹介します。

### 9.4.1 結合と構造侵食を計測するメトリクス

ここでは、結合と構造侵食を計測するメトリクスを紹介します。

#### 9.4.1.1 平均コンポーネント依存値、伝搬コスト、関連メトリクス

**平均コンポーネント依存値（Average Component Dependency：ACD）**は、John Lakosが『大規模C++ ソフトウェアデザイン』（ピアソン・エデュケーション）[14]で提唱したメトリクスです。このメトリクスは、依存関係グラフからランダムに選択された要素が、平均して（自分自身を含めて）直接または間接的に何個の要素に依存するかを示しています。このメトリクスを理解するために、**図9-5**の依存性グラフを見てみましょう。

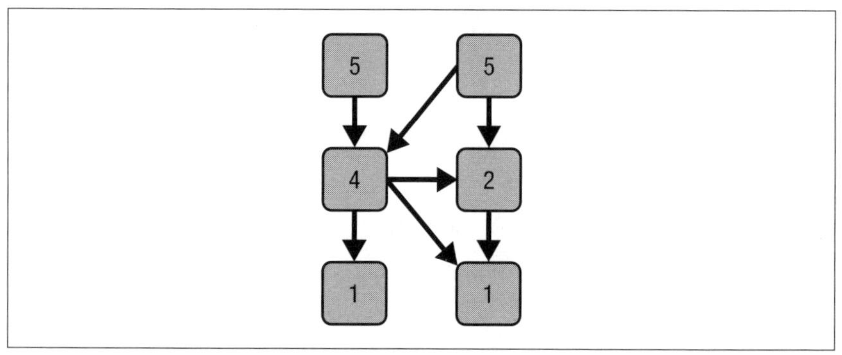


図9-5 Depends Upon メトリクス値を持つ依存関係グラフ

Lakosは、これらのボックスをコンポーネントと呼んでいます。C/C++では、コンポーネントはソースファイルとそれに関連するヘッダーファイルで構成されます。Javaなど他の言語では、コンポーネントは通常1つのソースファイルです。

矢印は依存関係を表し、ボックスに記した数字は依存数を表しています。例えば、一番下のボックスは、自分自身にしか依存しないため、依存数は1です。中段右のボックスは、自分自身とその直下のボックスに依存しているので、値は2となります。最上段のボックスは、中段と下段のすべてのボックスと自分自身に依存しているため、値は5となります。依存数は、到達可能なノードの数を数え、この数に1を加えたものであるとも説明できます。グラフ理論では、あるノードから到達可能なノードの集合を**クロージャ**と呼びます。

ボックスの中の値をすべて足すと、**累積コンポーネント依存値（Cumulative Component Dependency：CCD）**が算出されます。上記の図では、CCDは18に

なります。ACDの最小値は常に1であり、これは依存関係のないシステムを表しています。最大値はノード数と同じで、この例では6となります。

依存数には、被依存数と呼ばれる対応するメトリクス値があります。**図9-6**は、同じグラフに被依存数を記したものです。

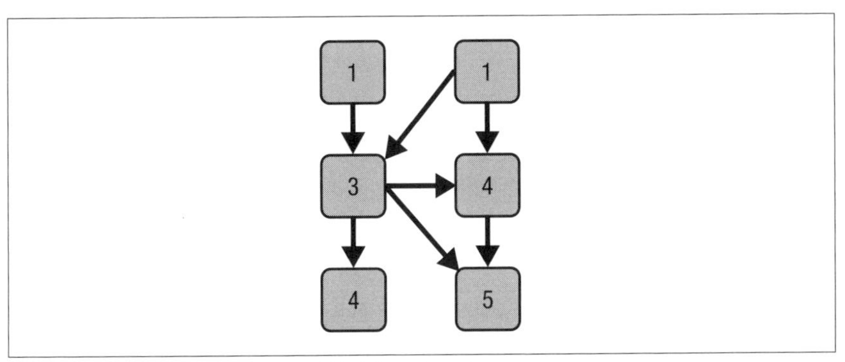


図9-6　図9-5のグラフのボックスに被依存数を記したもの

被依存数は、選択したノードに直接または間接的に接続しているノードの数となります。被依存数と依存数の値を合計すると、常に同じ数字になります。各メトリクスは、有向依存関係の両端の一方を見るだけなので、これは確実にそうなります。

依存数を各ノードのノード総数で割ると、ファンアウトという新しいノードメトリクスが得られます。例えば、**図9-5**の左上のノードのファンアウト値は5/6となります。被依存数について同じことをすると、ファンイン値が得られます。平均ファンインは平均ファンアウトに等しく、これは後ほど紹介するメトリクスである伝搬コストとも等しくなります。

興味深いことに、すべてのファンアウト値を足すと、ACDと同じ値が得られます。この値を再びノード数で割ると、平均ファンアウト（伝搬コスト）が得られます。**図9-5**のグラフでは、伝搬コストは0.5、つまり50%です。

これらは、より高次のメトリクスを算出するの用いる基礎的なメトリクスです。また、呼び出しや被呼び出しの多い依存関係を持つコンポーネントの検出にも有効です。

どのようなときにACDを使用し、その際には何を考慮する必要があるでしょうか。私は、システムを評価する際に最初に見る数値の一つとしてACDを使用します。ACDを見れば、システムがどれだけ密に結合しているかを把握できます。もちろん、システム内のコンポーネント総数との関係も考慮する必要があります。1,000個の部品があるシステムであればACDが100でも許容できますが、100個の部品しかないシステムでは、その値は壊滅的なものとなるからです。

**伝搬コスト（Propagation Cost：PC）**†2は、システムがどれだけ緊密に結合しているかを示すメトリクスです。パーセンテージが高ければ、結合度が高いことを意味します。

PCは、ACDをノード数で割ることで算出できます（数学的には平均ファンアウト値または平均ファンアウト値を算出するのと同様の計算になります）。これは基本的に、ACDをより簡単に比較できる値に正規化するものです。この例では、その値は3/6、すなわち50%になります。つまり、この例では、何かを触るたびに、全コンポーネントの平均50 %がその変化の影響を受ける可能性があります。大きなシステムであれば、これは非常に悪い値ですが、この例のような小さな例では、この値は役に立ちません。

PCについて理解する上で重要なのは、CCDを要素数（$n$）の2乗で割った値としても定義できるという点です。$ACD = CCD/n$ですから、$PC = CCD/n^2$です。つまり、要素数が2倍になった場合、PCを同じ値に保つには、システムのCCDを4倍にする必要があります。このメトリクスは常に最小にしたいものですが、システムに要素を増やしたことでこのメトリクスが低くなっている場合には、必ずしも良い傾向を指すとは限りません。コンポーネント数が500以上あるような大規模なシステムでは、コンポーネントの数が増えると、たとえ結合度が非常に高くても、PCは一般に低下します。これは、要素数の2倍でCCDを成長させるには、余分な結合を導入する必要があるためです。

このような注意点を踏まえた上で、PCをどのように使うべきかを次に説明します。

- システムの規模が小さい場合（$n < 500$）は、PCの値が高くてもあまり注意の必要はありません。

†2 Carliss Baldwin、John Rusnak、Alan MacCormackが、“Exploring the Structure of Complex Software Designs: An Empirical Study of Open Source and Proprietary Code”（Management Science 52, no. 7 (2006): 1015–1030.）で初めて説明しました。

- システムの規模が中くらいの場合（500 <= n < 5,000）は、PC の値が 20% 以上なら注意が必要です。50% 以上の値は、大きな循環グループでの深刻な問題を意味します。
- システムが大規模の場合（n >= 5,000）は、PC の値が 10% でも注意する必要があります。

ACD を同時に見ることで、PC の数値が与える影響を判断しやすくなります。5,000 個の部品からなるシステムで PC が 10 ％であれば、そのシステムの ACD は 500 になります。すべての変更が平均 500 個の部品に影響を与える可能性があるため、これは間違いなく問題です。

#### 9.4.1.2 循環度と相対的循環度

ACD と PC の値が高い場合は、通常、分析対象システムの依存関係グラフに大きな循環グループが存在します。その際は、循環依存性を確認するのに特化したメトリクスを利用しましょう。本章の前半で、シンプルだけれど有用なメトリクスとして、システムの最大循環グループの要素数を挙げました。この値は、あらゆる種類の要素に対して算出できますが、通常はコンポーネントや名前空間・パッケージのレベルにおいて最も有用です。

最大循環グループのサイズも、私がシステムを分析する際に最初に見る数値の一つです。この値が 5 以下であれば、よく設計されたシステムのコンポーネントと言えるでしょう。技術的に理にかなっている場合や、コードベースの中でほとんど変更されない部分から発生する場合には、より大きな循環グループが許容されることもあります。

いずれにせよ、循環依存関係は、2 つ以上の名前空間やパッケージにまたがってはなりません。名前空間やパッケージの循環グループは、常にゼロとなるようにしましょう。つまり、システムには名前空間やパッケージ間の循環依存関係があってはなりません。

もう一つの有用なメトリクスは、**相対的循環度（Relative Cyclicity）**です。相対的循環度は通常、モジュールごととシステム全体それぞれについて算出します。相対的循環度は、循環グループの要素数の 2 乗として定義される**循環度（Cyclicity）**と呼ばれるメトリクスに基づきます。5 つの要素からなる循環グループは、25 の循環度を持つことになります。相対的循環度は、モジュールやシステム全体のすべての循環グループの循環度を合計し、その値の平方根をとり、システムやモジュールの要素数で割ることで算出できます。

$$relativeCyclicity = 100 * \frac{\sqrt{sumOfCyclicity}}{n}$$

このメトリクスは、非常に便利です。それを実証するのに、少し思考実験をしてみましょう。100 個のコンポーネントを持つシステムがあり、それらすべてが要素数 100 の巨大な循環グループに含まれているとします。このとき、循環グループの循環度は $100^2$、つまり 10,000 となります。この場合、計算式の結果は「1」となり、相対的循環度が 100 %であることを意味します。これは最悪の値であり、このシステムは最悪の循環依存を持っていると言えます。

ここで、1 つの大きな循環グループの代わりに、2 つの要素からなる 50 の小さな循環グループがあると仮定してみましょう。この場合、1 つの循環の循環度は $2^2 = 4$ となり、システムの循環度の合計は $50 * 4 = 200$ と評価されることになります。すると、相対的循環度は、

$$100 * \frac{\sqrt{200}}{100} = 14.14$$

のように 14.14% となります。これは、依然としてすべてのコンポーネントが循環依存に関与しているものの、はるかに良い値です。循環グループに関しては、小さい方が常に良いのです。なぜなら、小さい循環グループは壊すのがずっと簡単だからです。

### 9.4.1.3　構造負債指数

相対的循環度は、システムが循環依存関係によってどの程度影響を受けているかを判断するのに非常に適していますが、欠点もあります。それは、検出された循環を分割するのがどの程度難しいかは、一切分からないということです。この問題をよりよく理解するために、別の思考実験をしてみましょう。

10 個のソースファイルからなる単純なシステムを想像してください。最初のファイルは 2 番目のファイルに依存し、2 番目のファイルは 3 番目のファイルに依存するというように、10 番目のファイルに達するまで、最初のファイルに依存します。こ

の場合、10 個の要素からなる単純な循環グループができ、すべてのファイルが循環に関与することになります。このシステムの相対的循環度は 100 %となります。しかし、この循環グループは、たった 1 つの依存関係を切断したり反転させたりすることで簡単に壊せます。したがって、このシステムの相対的循環度をゼロにするのは容易です。

もちろん、事態はもっと悪くなる可能性もあります。もう一つの極端な例を見てみましょう。10 個のソースファイルを持つシステムがあるとします。すべてのファイルが他のすべてのファイルと双方向の循環依存関係を持つようになり、90 個の依存関係 $(9+8+7+\ldots+1)*2$ が発生しました。ここでも相対的循環度は 100% になりますが、今度はすべての循環依存関係を断ち切るために、少なくとも 45 の依存関係を断ち切るか反転させる必要があります。

このため、私は**構造負債指数（Structural Debt Index：SDI）**というメトリクスを開発しました。このメトリクスは、グラフアルゴリズムが循環グループに対して実行され、最小限の分割セットを検出し、その結果、分割する必要のある依存関係のリストが得られます。そこで、ソースファイル間の依存関係を見ると、実際には多くの使用関係で構成されていることがあります。例えば、クラス A がクラス B の 3 つの異なるメソッドを呼び出す場合、依存関係は 3 つの使用関係（または**パーサー依存関係**）から構成されることになります。使用数をリンクの重みとして使用し、アルゴリズムがより低い重みのリンクを優先的にカットするようにするのです。そして、SDI を次のように算出します。

$$SDI = 10 * \text{断ち切るリンクの数} + \Sigma \text{断ち切るリンクの重み}$$

例えば、章の最初に示した**図 9-2** の例（シンプルな循環のコンポーネントが 10 個）では、リンクを 1 つだけ断ち切る必要があります。リンクの重みを 1 とすると、$10*1+1$ から、SDI 値は 11 となります。

この式では、断ち切るリンクの数に対して定数（10）を掛けています。それは、各リンクについて、依存関係を断ち切る方法を考えなければならないためです（例えば、依存性逆転の原則を利用するなどして）。そして、当然ながら、それぞれの使い方によって、何らかの追加的な労力が発生する可能性もあります。このメトリクスの考え方は、循環グループを壊すのに必要な作業に少なくともほぼ比例します。このメトリクスは、循環グループごとに算出され、モジュールやシステムレベルまで累積されます。Sonargraph-Architectなどのツールは、このメトリクスのコンポーネントを使用して、循環グループを修正するのがいかに簡単であるかをランク付けします。

SDIメトリクスは、相対的循環度と共に使用するのが最良です。目標は、SDIを可能な限りゼロに近づけることです。もしSDIが継続的に増加するようであれば、それはあなたのシステムでコード癌が発生している兆候です。

#### 9.4.1.4 保守性レベル

コードの保守性と設計の適切さは、ソフトウェアメトリクスの中でも計測が困難なものとされています。ここでは、これらを計測する新しいメトリクスを作成するための私の旅について説明します。私はこの作業を顧客と一緒に行いました。顧客は、それをテストするためにさまざまな大規模プロジェクトを私に提供してくれました。このメトリクス値は、ソフトウェアシステムの保守性についての開発者自身の判断に多かれ少なかれ合致するものとなっています。私たちは、夜間ビルドでこのメトリクスを追跡し、炭鉱のカナリアのように使うことにしました。値が悪化したら、リファクタリングの時期です。また、組織内のすべてのソフトウェアシステムの健全性を比較し、あるソフトウェアをゼロから書き直すのとリファクタリングするのとではどちらが安上がりかを判断するために、このメトリクスを利用しようと考えていました。

この旅に出たとき、私たちはすでに結合や循環依存関係を計測するためのいくつかのメトリクスを調べていました。この新しい実験的なメトリクスは、それらを凝縮して、プロジェクトにおける優れた設計を計測するための適応度関数として使用できる単一のメトリクスにすることでした。

ここでは、水平レイヤリングに加え、機能コンポーネントの垂直分離を行う設計を「優れた設計」としています。ソフトウェアシステムを機能的な側面ごとに切り分けることを、私は「垂直化」と呼んでいます。**図9-7**にこれを示します。

システムは機能コンポーネントごとに分離され、それらの依存関係は循環していません。機能コンポーネントははっきりとレイヤリングされています。これを垂直レイヤリング、あるいはモノリス内のマイクロサービスとも表現できます。はっきり言って、依存関係の管理はどのようなアーキテクチャスタイルでも重要です。マイクロサービスを目指すのであれば、マイクロサービス間の依存関係をより重要なものとして考えるようにしましょう。マイクロサービス間の通信は、プロセス内の関数呼び出

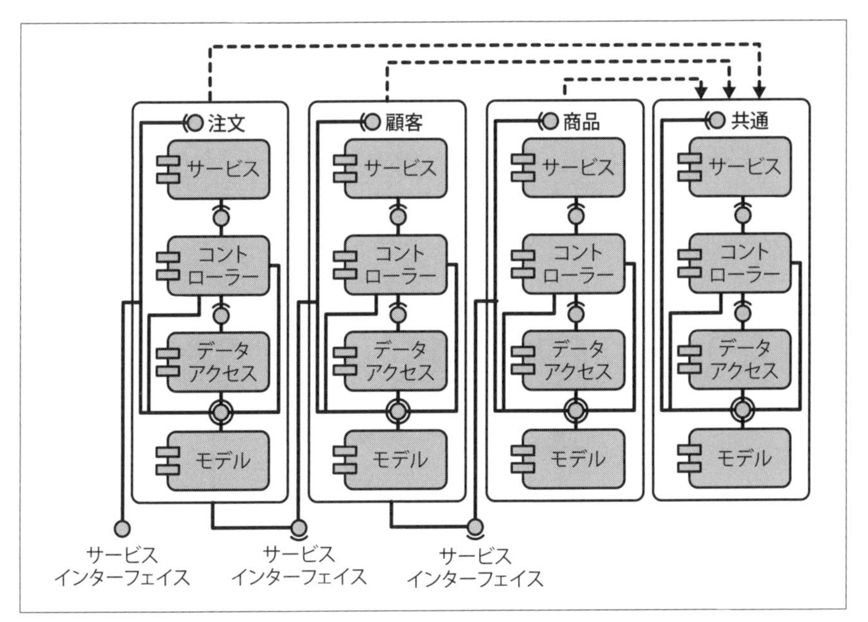


図9-7 優れた垂直設計

しに比べて常にレイテンシーが高く、エラー処理に大きな労力を割く必要があります。対象となるサービスが利用できない場合や、ネットワークに問題がある場合はどうなるのでしょうか？

残念ながら、多くのソフトウェアシステムが垂直化で失敗しています。主な理由は、コードを垂直に整理することを強制し続けるのが困難だからです。正しい方法でこれを行うのは難しく、そのためコンポーネント間の境界が曖昧になり、単一のコンポーネントに存在すべき機能が複数のコンポーネントに分散してしまうのです。そうすると、コンポーネント間の循環依存関係が生まれ、そこから保守性がどんどん低下していきます。

では、垂直化はどうやって測るとよいでしょうか。まず、システムの構成要素のレベル別依存性グラフを作成する必要があります。しかし、依存関係グラフは、コンポーネント間に循環依存関係がない場合にしか適切に平準化できません。そこで、最初のステップとして、すべての循環グループを単一のノードにまとめます。

**図9-8**のシステムでは、ノードF、G、Hが循環グループを形成しているので、こ

れらをFGHという単一の論理ノードに結合します。これにより、3つのレベルが得られます。最下層は被呼び出しの依存関係のみ、最上層は呼び出す依存関係のみです。保守性の観点から、できるだけ多くのコンポーネントには、被呼び出しの依存関係を持たせないようにします。なぜなら、そうすることでシステムの他の部分に影響を与えることなく変更できるからです。また、残りのコンポーネントは、その上のレイヤーのコンポーネントにできるだけ影響を与えないようにします。

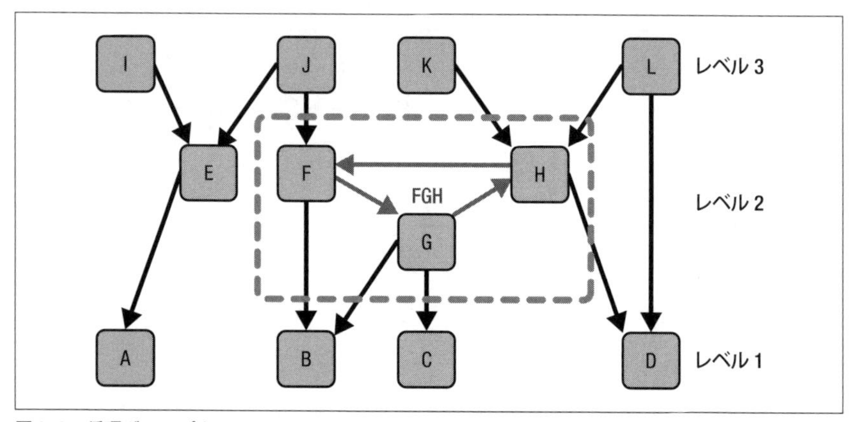


図9-8　循環グループを1つのノードに凝縮したレベル分けされた依存関係グラフ（FGH）

この図のノードAは、ノードE、I、Jにのみ（直接的、間接的に）影響を与えます。一方、ノードBは、EとIを除くレベル2とレベル3のすべてに影響を与えます。循環グループFGHは、そこに明らかにマイナスの影響を与えています。ノードAはノードBよりも保守性に貢献していると言えるでしょう。なぜなら、Aはその上のレイヤーで何かを壊す確率が低いからです。各論理ノードについて、保守性を推定する新しいメトリクスへの寄与値 $c_i$ を次のように算出できます。

$$c_i = \frac{size(i) * (1 - \frac{inf(i)}{numberOfComponentsInHigherLevels(i)})}{n}$$

ここで、$n$ はコンポーネントの総数、$size(i)$ は論理ノードのコンポーネント数（この値は循環グループから作成された論理ノードでのみ1より大きい）、$inf(i)$ は $c_i$ の影響を受けたコンポーネントの数を表します。

例として、ノードAについてこの式を算出してみましょう。

$$c_A = \frac{1 * (1 - \frac{3}{8})}{12}$$

この結果は $\sim 0.052$ となります。すべてのノードの $c_i$ を足すと、新しいメトリクスの最初のバージョンができ、これを**保守性レベル（Maintainability Level：ML）**と呼ぶことにします。

$$ML_1 = 100 * \sum_{i=1}^{k} c_i$$

ここで、$k$ は論理ノードの数で、システム内のコンポーネント間に循環依存関係がある場合はnより小さくなります。この例では、$k$ は10で、$n$ は12となります。100倍してパーセンテージを求めます。$ML$ の値が高いほど、保守性が高いことを意味します。

**図9-8**の例では、ML値は53 ÷ 96 = 55 %となります。コンパイル要素が12個しかない非常に小さなシステムの話ですから、この値は大きな問題ではありません。さらに、小さなシステムは比較的悪い値を出す傾向があるという事実を考慮し、このメトリクスを改良することにします。伝搬コストでも同じような問題がありました。小さなシステムでは要素数が少ないため、平均的な結合度は常に高くなります。疎結合の重要性は、システムの規模が大きくなるほど高くなります。

すべてのシステムには依存関係があるため、システム内のコンポーネントが入力依存関係を持たない場合を除き、これを100 %に達することは不可能です。しかし、最上位のレベルにあるすべてのノードは、$c_i$ 値を最大にするのに寄与します。下位レベルのノードの寄与は、上位レベルのノードに影響を与えるノードの数が増えるほど小さくなります。循環グループは、すべての構成要素に対して、より高いレベルで影響を与えるノードの数を増やすため、メトリクスにマイナスの影響を与える傾向があります。

特に循環グループがより多くのノードを含む場合、循環依存関係は保守性に悪影響を及ぼすことが分かっています。最初のバージョンの $ML$ では、循環グループによって生成されるノードが最上位にある場合、その負の影響が見られないことに気づきました。そこで、次のようにして、5個以上のノードを持つ循環グループに対するペナルティを追加しました。

$$penalty(i) = \begin{cases} \frac{5}{size(i)}, \text{if } size(i) > 5 \\ 1, \text{otherwise} \end{cases}$$

この場合、ペナルティ値が 1 であるとは、ペナルティが無いことを意味します。1 より小さい値は、論理ノードの寄与値を下げます。例えば、100 個のノードを持つ循環グループがあった場合には、そのノードは本来の寄与値の 5 %しか寄与しないことになります。ペナルティを考慮した *ML* の第 2 バージョン（*ML*2）は、次のようになります。

$$ML_2 = 100 * \sum_{i=1}^{k} c_i * penalty(i)$$

このメトリクスは非常によく機能します。よく設計されたシステムで計測すると、90 を超える値が得られます。Apache Cassandra のようなアーキテクチャが捉えきれないシステムでは、20 という値が出ます。

このメトリクスを顧客のプロジェクトでテストしたところ、さらに 2 つの観察結果が得られ、調整が必要となりました。まず、コンポーネントが 100 個未満の小さなモジュールでは、あまりうまく機能しませんでした。なぜなら、コンポーネント数が少ないと、保守性に悪影響を与えることなく、自然と相対的な結合度が高まるからです。

次に、開発者が保守性が低いと考えている Java プロジェクトでこのメトリクスをテストしました。ところが、開発者の考えと異なり、このメトリクスは 90% 台の高い値を示していました。よく調べてみると、このプロジェクトは確かにコンポーネント構造はよくできていて、ほとんど循環がないのですが、パッケージ構造が完全に混乱していることが分かりました。最も重要なモジュールのほぼすべてのパッケージが、1 つの循環グループに入っていたのです。これは通常、パッケージにクラスを割り当てる明確な戦略がない場合に起こります。そのため、開発者がクラスを見つけるのが難しくなってしまうのです。

最初の問題は、分析対象のモジュールやシステムのコンポーネントが 100 個未満の場合、*ML* にスライド式の最小値を追加することで解決できるかもしれません。

$$ML_3 = \begin{cases} (100 - n) + \frac{n}{100} * ML_2, \text{if } n < 100 \\ ML_2, \text{otherwise} \end{cases}$$

ここで、$n$ はコンポーネント数を示します。この変形は、そもそも小さなシステムの方が保守しやすいという論理に基づきます。つまり、ミニマムの値をスライドさせることで、40 個のコンポーネントを持つシステムは、60 を下回る値を持つことがあり得なくなります。この式に**図 9-8** の例の $ML_2$ の値（55 %）を入力すると、94.6 % という値が得られます。この値は、システムが小規模であれば、高い保守コストは生じないことを考慮すれば、55 %よりもはるかに適切に思えます。

2 つ目の問題は、より解決が困難です。ここでは、パッケージや名前空間の依存関係で算出される相対的循環度（Relative Cyclicity：$RC_p$）に基づく代替値を算出することにしました。

$$ML_{alt} = 100 * (1 - \frac{\sqrt{sumOfPackageCyclicity}}{n_p})$$

*ML* は、システムのモジュールごとに算出します。次に、システム内のすべての巨大なモジュールについて、（モジュール内のコンポーネントの数による）加重平均を算出します。どのモジュールを加重平均するかは、モジュールの大きさが小さい順に並べ、全コンポーネントの 75% が加重平均に追加されるか、モジュールが少なくとも 100 個のコンポーネントを含むまで、各モジュールを加重平均に追加します。そうするのは、アクションは通常、より大きく、より複雑なモジュールで起きるためです。小さなモジュールは保守が難しくなく、システム全体の保守性にほとんど影響を及ぼしません。

優れた保守性を実現するには、コンポーネント構造とパッケージ・名前空間構造の両方がうまく設計されていなければなりません。一方または両方が悪い設計や構造侵食を受けた場合、保守性も低下します。

Sonargraph（無料版の Sonargraph-Explorer を含む）は、この実験的なメトリクスを算出する今のところの唯一のツールです。もし、自分のコードがどうなるのか気になるのであれば、無償の Explorer ライセンス（https://www.hello2morrow.com）を取得し、自分のシステムで実行してみることをお薦めします。

ML の研究は、**疎結合レベル（Decoupling Level：DL）**と呼ばれる、別の有望なメトリクスに関する論文[†3]に触発されたものです。DLは、ドレクセル大学とハワイ大学のRan Mo、Yuangfang Cai、Rick Kazman、Lu Xiao、Qiong Fengの研究成果をベースにしています。残念ながら、DLを算出するアルゴリズムの一部は特許で保護されているため、この記事を書いている時点では、自分たちのツールにこのメトリクス値を複製できません。さまざまな異なるプロジェクトでこの2つのメトリクスを比較するのは興味深いでしょう。

## 9.4.2 サイズと複雑さを計測するメトリクス

続いて紹介するのは、コードのサイズと複雑さを計測するメトリクスです。複雑さを抑えることは、コードの保守性を維持するために重要です。開発者はコードを読むことに時間の大半を費やしますが、複雑なコードはそれを困難にします。そのため、複雑さには閾値を設け、過度に複雑なコードを避けるようにする必要があります。

### 9.4.2.1 サイズに関するメトリクス

まず、サイズに関するシンプルなメトリクスをいくつか紹介します。最もよく知られているサイズのメトリクスは、1ファイルあたりの**LOC**（**Lines Of Code**）です。LOCでは、実際のコードを含むすべての行をカウントした上で、空行やコメント行を除きます。**合計行**の場合には、空行やコメント行を含むすべての行をカウントします。コメント行もカウントは可能ですが、少し厄介なことがあります。ソースファイルの冒頭には、著作権情報を含むだけのヘッダーコメントがよくあります。このようなヘッダーコメントは、コードに対するコメントではないので、コメント行から除外する必要があります。

ある意味では、LOCを複雑さのメトリクスとしても利用できます。ソースファイルが5,000LOCの場合には、それは複雑である可能性が高いからです。ソースファイルのサイズは800LOC程度に抑えることを強くお勧めします。それ以上大きくなる場合は、小さなファイルに分割することを検討してください。サイズと複雑さのメトリクスの閾値は、ほとんどがソフトな閾値のため、例外は常に存在します（例外が手に負えなくならないように注意してください）。

†3 Ran Mo et al., “Decoupling Level: A New Metric for Architectural Maintenance Complexity,” ICSE ’16, May 14–22, 2016, Austin, TX.

関数やメソッドのサイズを測るのに適したメトリクスは、**ステートメント数**です。名前からこのメトリクスがどのように機能するかは分かってもらえるでしょう。メソッド内のステートメントを数えるだけです。関数やメソッドを適度に短くすることは常に良いアイデアなので、関数やメソッド内のステートメント数を制限することで、コードを読みやすく、保守しやすく保つことができます。私は、1つの関数／メソッドにつき100ステートメントという閾値を推奨します。

#### 9.4.2.2　循環複雑度

**循環複雑度（Cyclomatic Complexity）**は、1976年にThomas McCabeによって開発されたメトリクスです。これは、メソッドや関数を通過するさまざまな実行経路の可能性の数を算出するもので、100％のテストカバレッジを達成するために必要なテストケース数の下限でもあります。当初の定義は、フローグラフとそのグラフのノードとエッジの数に基づいていました。この算出は、最小値の1から始めて、ループ文や条件文ごとに1を加えることで簡略化できます。switchステートメントの場合は、分岐数を追加します。循環複雑度が高い場合、非常に複雑で読みにくい関数やメソッドと相関する傾向があります。

このメトリクスはよく研究されており、値が24を超えるとエラー率が急速に上昇することが分かっています。私は、安全側を維持するために、閾値を15にすることを推奨します。

このメトリクスには、いくつかのバリエーションがあります。**修正循環複雑度（Modified Cyclomatic Complexity）**では、switchステートメントごとに値を1だけ追加します。これは、switchステートメントは、余分な複雑さを追加しないとしても、複雑度をかなり上げる傾向があることに基づきます。**拡張循環的複雑度（Extended Cyclomatic Complexity）**は、論理式（&&および||）ごとにも1を追加します。これは、コンパイラがこれらの式を最小評価する際も追加の条件文のように動作することに基づきます。

また、クラス、パッケージ／名前空間、モジュールのレベルまで値を集約するのも理にかなっています。このメトリクスは**平均循環複雑度**と呼ばれ、循環複雑度メトリクスの加重平均をもとにする必要があります。

平均の重み付けには、通常、ステートメント数を使用します。加重平均を使用することで、セッターやゲッターのような多くの小さなメソッドが、長いメソッドの複雑さをあまり薄めないようにできます。

#### 9.4.2.3 インデントによる負債

複雑さを測る別の良い方法に、関数とメソッドにおけるコードの最大インデントレベルがあります。インデントが深ければ深いほど、そのメソッドはより複雑だと考えられます。このメトリクスは、複雑なコードを発見するのに驚くほど効果的です。また、クラスやソースファイル内のすべての関数／メソッドの加重平均を使用することで、このメトリクスをクラスやソースファイルのレベルまで簡単に集約できます。平均循環複雑度と同じで、平均値はステートメント数で重み付けする必要があります。最大インデントレベルは4とするのをお勧めします。

### 9.4.3 変更履歴から得られるメトリクス

Adam Tornhillが、彼の素晴らしい書籍『Your Code as a Crime Scene』(Pragmatic Bookshelf) [15] で述べているように、バージョン管理システムは貴重なデータの宝庫です。バージョン管理システムを見れば、どのファイルが頻繁に変更されているか、コードの特定箇所をどれだけの人が触れているか、ある期間内にコードがどれくらい変更されたかなどを把握できます。これは、リファクタリングに最適なコード箇所を見つけるのに役立ちます。

#### 9.4.3.1 変更頻度

あるソースファイルがある期間中にどれくらいの頻度で変更されたかは、興味深いデータです。なぜなら、頻繁に変更されるということは、ソフトウェア設計の不安定さを物語っているからです。これは、変更頻度 $(d)$ というメトリクスで表します。$d$ には、期間を日数を単位として表します。例えば、変更頻度 (30) は、過去30日間にファイルがどれだけ頻繁に変更されたかを表します。

#### 9.4.3.2 コードチャーン

コードチャーン $(d)$ は、ある期間の中で、対象のファイルに行がどれだけ追加されたか、または削除されたかを示すメトリクスです。ここでも、$d$ は、日を単位とした期間を表します。例えば、あるファイルの コードチャーン (90) が2の場合には、そのファイルで過去90日間に変更された行数が2行であることが分かります。このメトリクスは、変更された実際の行数をカウントするため、単に変更回数をカウントするよりも、より多くのコンテキストを提供します。このメトリクスは、ソフトウェア設計の不安定さを突き止めるためにも利用できます。

#### 9.4.3.3 著者数

著者数 $(d)$ は、ある期間の中で、何人が変更を加えたかを示すメトリクスです。このメトリクスは、知識の独占を明らかにするのに役立つ、大変興味深いメトリクスです。例えば、著者数 (365) の値が 1 であるファイルはすべて、過去 1 年間、1 人だけしか変更を加えていないファイルであることを示しています。これは、その人物しかファイルの内容に関する知識を持っていない可能性を示唆しています。その場合、その人物の退職が会社にとってリスクとなる可能性があるでしょう。

#### 9.4.3.4 良いリファクタリング候補を見つけるために変更履歴のメトリクスを使う

本章の冒頭で述べたように、ほとんどのプロジェクトは、何らかの形で構造侵食に悩まされています。構造侵食の兆候の 1 つは、変更によって一見無関係に見える場所で物事が壊れがちとなることです。このような問題は、頻繁に変更される複雑なファイルで生じている可能性があります。そのような箇所を探し、リファクタリングすることで複雑さを軽減するのは、状況を改善する良い機会となります。多くの場合、その箇所は「ボトルネッククラス」、つまり入出力の多い依存関係を持つクラスであることが分かっています。

革新的な視覚化は、このタスクを大幅に簡略化できます。**図9-9** では、「ソフトウェアシティ」と呼ばれる 3D の視覚化を用いて、Apache Cassandra の複数のメトリクスを同時に表示したものです。

ソフトウェアシティの各建造物は、ソースファイルを表しています。ソースファイルは、モジュールとパッケージまたは名前空間によってまとめられています。建造物のフットプリント面積は、ファイルの LOC に比例します。各建造物の高さは、ファイルの平均複雑度から導き出されます。暗さは、過去 90 日間の変更頻度によって決まります。色が濃いのは頻繁に変更されていることを示しています。例えば、背の高い暗い建造物は、リファクタリングの良い候補になるでしょう。**図9-9** の左側にある濃い色の建造物を見てください。あまり高くはありませんが、これは LOC が 3 番

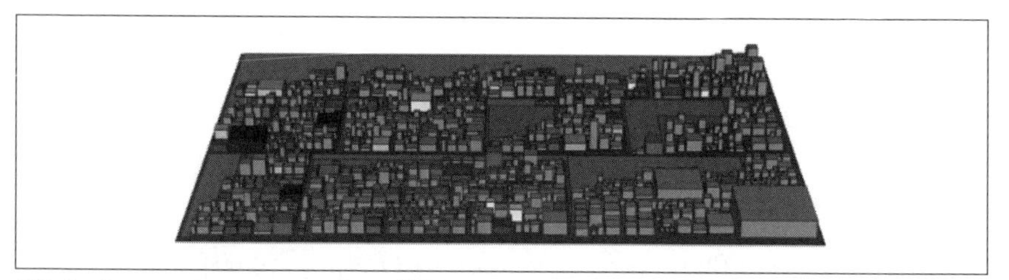

図9-9 Sonargraph-Architectによって描画されたソフトウェアシティ

目に大きなファイルで、そのことはこの視覚化の中で比較的容易に確認できます。このファイルにはStorageManagerというクラスが含まれており、明らかにNoSQLデータベースにとって重要なクラスであることが分かります。

この種の視覚化で素晴らしいのは、任意のメトリクスのペアをその中で組み合わせるのが可能な点です。例えば、建造物の高さを入力依存数に対応させ、色を複雑さに対応するようにもできます。これにより、わずかな労力で高度な分析が可能となります。

## 9.4.4 その他の有用なメトリクス

結合度や複雑さのメトリクスには当てはまらないものの、私が便利だと思ったメトリクスが、他にもう2つあります。

### 9.4.4.1 コンポーネントランク

**コンポーネントランク**は、Googleの**ページランク**というメトリクス[†4]を元にしたものです。ページランクはインターネット上で人気のあるページを見つけるために設計されたメトリクスです。一方、コンポーネントランクは同じアルゴリズムを使って、システム内の「人気」クラスを見つけるのを目的としています。ページランクのアルゴリズムは、まずランダムにページを選びます。次に、設定可能な確率で（デフォルトは80％）、ランダムな発信リンクをたどって別のページを表示します。最後のページでは、アルゴリズムは停止し、カウンターを増やします。このアルゴリズムの目的は、各ページについて、そのページが最終ページになる確率を算出することで

†4 "PageRank," Wikipedia, last updated April 9, 2022, https://oreil.ly/vrdFb.

す。これは、各ページの確率の数値が安定するまで、アルゴリズムを繰り返し実行することで算出されます。

同じアルゴリズムをクラスやソースファイルにも適用できます。リンクの代わりに、外向き依存関係を使用するわけです。すると「なぜそれが有用な情報なのか」という疑問が湧くかもしれません。例えば、あるプロジェクトに新しく参加することになり、複雑なモジュールを引き継いで新しい機能を追加しなければならないとします。あなたは今まで一度もコードを見たことがありません。どこから読み始めればいいのでしょうか。まず、コンポーネントランクが最も高いクラスから読み始めるとよいでしょう。他の多くのクラスがそれらを参照しているので、おそらく最初にそれらを理解する必要があるからです。

**図9-10**は、ランダムなノードから始めて、(80 %の確率で) ランダムなリンクをたどり、(20 %の確率で) セッションを終了する訪問セッションにおいて、グラフの各ノードが最終ノードとなる確率を算出しています。

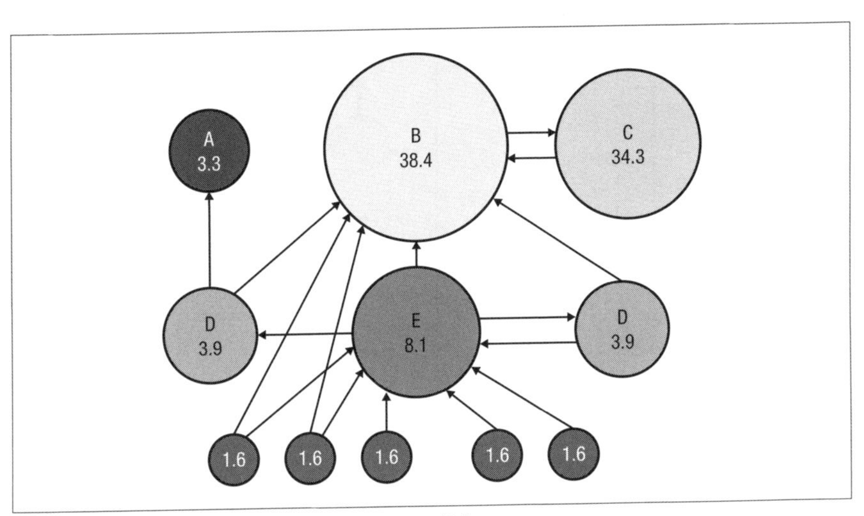


図9-10　Google のページランクアルゴリズムの可視化

### 9.4.4.2　LCOM4

**LCOM**とは Lack of Cohesion of Methods の略で、4 はこのメトリクスの 4 番目のバージョンであることを示しています。このメトリクスの目的は、クラスが単一責任原則（https://oreil.ly/Uq3A3）に違反していないかを把握することです。このメトリクスは、クラス内のすべてのメソッド（コンストラクタ、オーバーライド、静的メソッドを除く）とクラス内のすべてのフィールド（静的フィールドを除く）の間の依存関係グラフを作成することで算出されます。メトリクス値は、それらの間に接続がない部分グラフ（**接続成分**と呼ばれる）の数になります。理想的には、この値はすべてのクラスで1になります。もし値が1より大きい場合には、クラスをいくつかの小さなクラスに簡単に分割できます。

**図9-11**では、$x$、$f$、$g$ からなるクラスと、$h$、$y$ からなるクラスの2つの連結成分が存在します。そのため、このクラスは $f$、$g$、$x$ からなるクラスと $h$、$y$ からなるクラスの2つに簡単に分割できます。

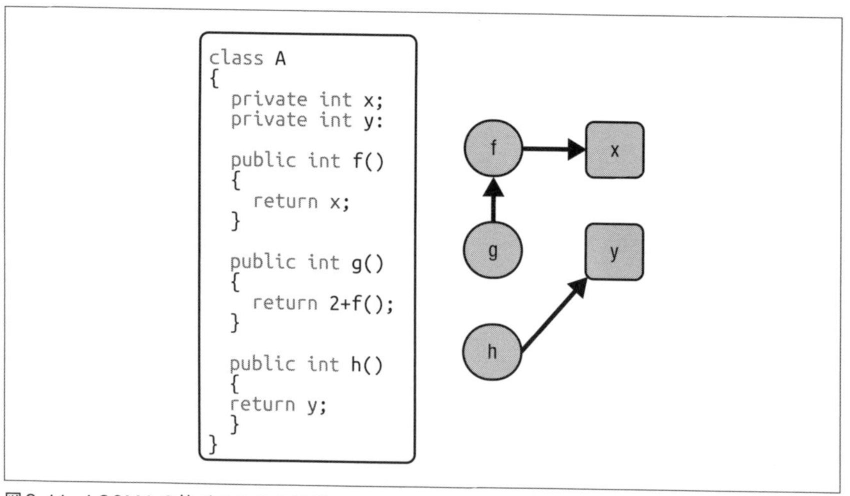

図9-11 LCOM4の値が2のクラス例

クラスが継承元のクラスのメソッドやフィールドを呼び出したりアクセスしたりしていると、このメトリクスが正しくなくなってしまう点には注意してください。このメトリクスは、クラス階層に対してはうまく機能しません。一方、クラスが複雑な階層の一部でない場合には、同時に多くのことを行いすぎて単一責任の原則に違反しているクラスを見つけるのにこのメトリクスは非常に有効です。

## 9.5 アーキテクチャ適応度関数

アーキテクチャ適応度関数は、Neal Ford、Rebecca Parsons、Patrick Kua による書籍『進化的アーキテクチャ』[4] の中で初めて紹介されました[†5]。著者らは、アーキテクチャ適応度関数を「あるアーキテクチャ特性の客観的な完全性評価を行うもの」と定義しています。

アーキテクチャ特性は、アーキテクチャで達成したい目標を指し、「イリティ」[†6]とも呼ばれます。アーキテクチャ特性には、例えば安定性、スケーラビリティ、保守性、アジリティなどがあります。適応度関数は、アーキテクチャがこれらの特性の1つまたは複数をどの程度満たしているかを計測するものです。例えば、同時ユーザー数や平均応答時間などの実稼働データを使ってスケーラビリティを計測したり、**相対的循環度**や**保守性レベル**を使ってコードの保守性を計測したりできます。

ソフトウェアアーキテクトの最も重要な仕事の1つは、トレードオフを見極めることです。管理不能なレベルまで複雑さを増すことなしに、同じソフトウェアシステムですべての望ましい特性を持つことはできません。したがって、不必要な複雑さを増すことなく、ビジネス目標を最もよく反映するように、望ましい特性の優先順位をつけなければなりません。さらに悪いことに、これらの特性の中には、同時に満たすことができないものもあります。例えば、最大限のパフォーマンスと最大限のセキュリティは相反する目標です。セキュリティには暗号化が必要で、暗号化には多くの CPU パワーが使われるからです。この2つのバランスをうまくとる必要があります。

最終的には、最大でも3つの特性と保守性を優先させることをお勧めします。保守性が重要でないユースケースはほとんどありません。それぞれの特性は、適切な適応度関数を使って計測します。

理解しやすさを含む保守性を計測するための適応度関数として、本章で取り上げたメトリクスのいくつかを、次のように活用できます。

- **保守性レベル**の閾値を 75% 以上に設定する。

†5 『進化的アーキテクチャ』の「2 章 適応度関数」。

†6 訳注：アーキテクチャ特性には「-ility」で終わる英単語が多いため、「イリティ」と総称されることがあります。

- **相対的循環度**について、パッケージ／名前空間レベルでの閾値を 0% とし、コンポーネントレベルの閾値を 4 %以下とする。
- コンポーネントの**構造負債指数**の閾値を 100 前半とする。

複雑さを測るメトリクスを使用すると、ソースファイルの何パーセントが複雑な状態であるかを把握できます。例えば、平均インデントが 3 以上、平均複雑度が 10 以上、サイズが 800LOC 以上のファイルを複雑と定義できます。そして、複雑なファイルの LOC を合計し、システムの LOC の総数と比較できます。そのようにすれば、コードの 10% 以上を複雑にはしないという判断ができるかもしれません。

このように適切に用いることで、メトリクスは強力なツールになり得ます。メトリクスに関する知識を使い、いくつかのメトリクスを組み合わせれば、有用な適応度関数を作れます。そうして作成した適応度関数群を CI ビルドの中で検査し、目標に達していないビルドを中断するようにしておけば、システムが恐ろしい巨大な泥団子になることはないでしょう。

## 9.6　メトリクスを長期的に追跡する方法

メトリクスベースのフィードバックループを作り上げるには、メトリクスを時間経過とともに追跡できるようにする必要があります。そのためには、自動化されたビルドで 1 日 1 回メトリクスを収集し、それを追跡するツールに流し込むのが最適です。

傾向を示すデータが手に入ったら、それをチャートとして描画できます。例えば、**図9-12** は LOC が過去 90 日間にどれだけ成長したかを示しています。すべての適応度関数を追跡し、結合やサイズのメトリクスも混ぜて追跡することをお勧めします。キーメトリクスのグラフを持つことで、有害な傾向を早期に発見し、事態が悪化する前に対応できるからです。もちろん、適応度関数に厳しい閾値を課しても同じことができますが、メトリクスが時間とともにどのように変化するかを見ることができるのは、しばしば有益です（閾値を厳しくした場合にはビルドが壊れますが、閾値を緩くしている場合には、違反しても警告を発するだけです）。

これを行うツールはいくつかあります。そして、そのうちのいくつかは無料です。SonarQube（https://www.sonarsource.com/products/sonarqube）は、いくつかの言語では無料ですが、選択できるメトリクスは限られています。Sonargraph

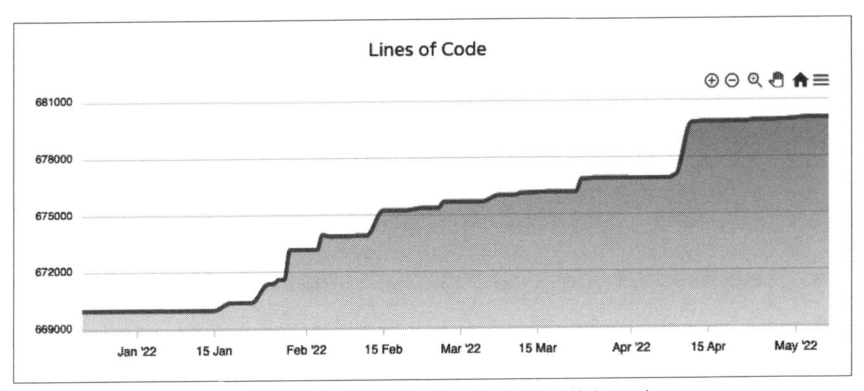


図9-12　Sonargraph-Enterprise で表示されるメトリクスのトレンドチャート

SonarQube プラグインを使用すると、追加のメトリクスを利用できます。Jenkins (https://jenkins.io) を Sonargraph-Explorer (無料) と一緒に使用できます。メトリクスの選択肢は豊富ですが、チャートは限定されています。Sonargraph-Enterprise は、Sonargraph の商用チームライセンスに付属しており、優れたメトリクスと柔軟でカスタマイズ可能なチャートを備えています。最後に、もちろん、優れたデータソースさえあれば、独自のソリューションを構築するのはそれほど難しいことではありません。

## 9.7　より良いソフトウェアを作るためのいくつかの黄金律

ここで、構造侵食を食い止め、ソフトウェアのモジュール化、保守可能な設計を実現するための黄金律を紹介します。もしあなたが新しいプロジェクトを始めるなら、これらのルールを最初から採用することで、あなたのソフトウェアを、同じような規模と複雑さを持つ他のプロジェクトの 90% よりも優れたものとできるはずです。既存のコードベースに着手する場合には、出血を止め、それ以上事態が悪化していない状態にするのを最初の目標としましょう。それができたら、違反の数を数パーセント減らすという月次または四半期ごとの目標を設定できます。そうすれば、時間の経過と共に、コードベースの保守性や分かりやすさは格段に向上していくはずです。

私が推奨するルールは次のようなものです。

- ソフトウェアのさまざまな部分と、それらの間で許容される依存関係を定義する、強制力のあるアーキテクチャモデルを組織として持つ。このルールは、本章で深く議論したように、結合を制御し、最小化する必要性から導かれる論理的帰結です。このようなモデルを持つことで、開発者はより多くのコンテキストを得られ、強制力のある方法でシステムのアーキテクチャ設計を明確にできます。
- 名前空間／パッケージレベルでの循環的依存関係を避ける。
- ソースファイル／クラスのレベルでの循環的依存関係を制限する。5つ以上の要素を持つ循環グループは、コード癌になる可能性が高く、解くのが困難になるまで肥大化します。小さな循環グループも可能であれば極力避けましょう。
- コードの重複（コピー&ペーストによるプログラミング）を避ける。本章ではメトリクスに焦点を当てているため言及していませんが、コピー&ペーストによるプログラミングは、コードにおける古典的な「不吉な臭い」の一つです(https://oreil.ly/xUtfn)。時には、他の方法では壊しにくい循環を壊すのに、コードの複製が役立つこともありますが、それは稀なエッジケースと考えるべきでしょう。
- ソースファイルのサイズを800LOCに制限する（ソフトな閾値として）。
- 最大インデントを4、修正循環複雑度を15に制限する（ソフトな閾値として）。

これらはすべて、本章を通して学んだことをもとに実装できます。CIのビルドの中で、これらのルールを自動的に検証できるようにするのが最善です。また、組織全体でこれらのルールに取り組み、すべての開発者がルールを守るようにするのも良いでしょう。そうすることで、保守性の向上、コード品質の向上、ひいては開発者の生産性の向上が実質的に保証されます。私は、このようなルールベースのアプローチを導入しているいくつかのクライアントと仕事をしたことがありますが、時間の経過とともにかなり効果的な改善をもたらすことを確認できました。

## 9.8 結論

本章では、有用なメトリクスをいくつか学び、メトリクスベースのフィードバックループの概念も学びました。構造上の技術的負債（またはアーキテクチャ負債）が、開発チームの生産性を大きく損なう可能性があることも学べたはずです。

メトリクスは有害な傾向を早期に発見し、ソフトウェアプロジェクトが巨大な泥団子にならないことを保証するための強力なツールです。もちろん、そのためにはツールを使用しなければなりません。そうしたツールの中には、無料で利用できるものもあります。もし、まだ広範囲でメトリクスを使う準備ができていないのであれば、コードベースにおける循環依存関係を避けるか、少なくとも制限することに集中するのを強くお勧めします。それだけで構造侵食の最悪の副作用を食い止められ、さらに先でより厳しいルールを採用しやすくできるでしょう。

# 10章 ゴール・クエスチョン・メトリクスアプローチで未知数を計測する

Michael Keeling

ソフトウェアと人生は似ています。最も重要なことは、測るのが最も困難だったりします。システムには技術的負債がどのくらいあるのでしょうか。そして、そのうちのどこに私たちは投資すべきなのでしょうか。実装されたアーキテクチャは、最も重要な品質特性をどの程度満たしているのでしょうか。チームの設計成熟度はどれくらいなのでしょうか。このような大きな質問に対して、直感に基づいた推測をするのは簡単です。しかし、それはバイアスのかかった信頼性のないものです。データを使う方がはるかに良いでしょう。このような答えの出にくい難問に対してメトリクスを定義する必要がある場合、私はゴール・クエスチョン・メトリクス（GQM）アプローチに頼ります。

GQM アプローチは、Victor Basili と David Weiss が提案した分析手法です（https://oreil.ly/SMvwj）。GQM アプローチはソフトウェア開発における困難な問題をどのように計測し評価するかをチームで考えるのに役立ちます†1。この手法は習得が容易で、適用も簡単です。単独で使用することも、ワークショップの一部として使用することも可能です。GQM は、習得も実施も容易であるにもかかわらず、チームをより良い結果へと導くのに十分な構造を提供します。

†1 V. R. Basili and D. M. Weiss, "A Methodology for Collecting Valid Software Engineering Data," in IEEE Transactions on Software Engineering SE-10, no. 6 (Nov. 1984): 728–738, doi: 10.1109/TSE.1984.5010301.

この章では、GQM アプローチの使用方法と、GQM を中心とした共同ワークショップの進め方について学びます。また、あるソフトウェア開発チームが GQM を利用して、アーキテクチャのギャップを評価し、改善した事例を紹介します。この章が終わる頃には、GQM をチーム内で適用するために必要なことがすべて分かっているはずです。

## 10.1 GQM アプローチ

GQM の根底にあるのは、「何かを正しく計測するには、それをなぜ計測するのかを理解しなければならない」というシンプルな考え方です。**なぜ**、すなわち達成したい目標や進捗を評価するのに必要な質問を理解することは、その仕事に最適なメトリクスの特定や選択につながります。メトリクスの背後にある**なぜ**を理解しているチームは、将来の意思決定の指針としてそれらのメトリクスを使用・信頼する可能性が高くなります。GQM は、目標を、願望を述べた曖昧なものから、定量的で検証可能なモデルへと変えるのに役立ちます。

GQM のモデルは階層的です。樹木をイメージしてください。根元にあるのがゴールです。そして、ゴールから伸びた木は質問へと枝分かれし、その質問に答えるためのメトリクスへと再び枝分かれします。葉は、メトリクスを算出するために使用するデータです。このように、GQM では、個々の葉（収集されたデータ）から根（最初にデータを収集した目的）へと経路をたどって戻れるようにすることで、トレーサビリティを実現します。

### 10.1.1 GQM ツリーの作成

GQM における**ゴール**とは、あなたが理解し、計測したいことを記述する簡単な文章です。理想的なゴールステートメントには、目的、計測する対象、関心のある問題やトピック、ゴールを考える視点が記述されています。

ソフトウェアアーキテクチャの関心事に焦点を当てたゴール例を次にいくつか挙げます。

- ユーザーの視点から、システムの可用性を向上させる。
- プロダクトマネージャーの視点から、新しいマイクロサービスの開発期間を短縮する。
- ソフトウェア開発者の観点から、アーキテクチャの技術的負債を減らす。
- プロダクションに混入されるバグの数を減らす。
- ユーザーより先にプロダクションでより多くの問題を検出する。
- ユーザーの視点から、機械学習モデルの精度を向上させる。
- 開発チームの視点から、アーキテクチャにおけるより良い設計上の決定を行う。

前もってゴールを設定することは、このプロセスにとって不可欠です。ゴールは、一連の特定の計測に注意を向けることで、概念的な方向性を確立させます。ゴールがあることで、アーキテクチャ要素、ソフトウェア開発プロセス、技術的な実験、設計作成物、チームや組織といった、あらゆる関心の対象にフォーカスできます。評価する対象を定義することによって、何を計測するのか、なぜそれを計測する必要があるのかを一致させられるのです。

ゴールは分析を通じて度々修正されます。分析の中で計測対象の理解が深まるからです。なので、最初に定義するゴールは、計測する必要のあるものの本質さえとらえていれば不完全なものでも構いません。

ゴールを定義したら、それを探求し、特徴付けるための**質問（クエスチョン）**を行えます。質問は、「ゴールに近づいているのか、それとも遠ざかっているのか」といった、ゴールに対する進捗を評価するのに役立つ、実行に重点を置いたものである必要があります。

優れた質問は、問題や、その問題を解決する足掛かりが存在する可能性を明らかにします。良い質問をするには、好奇心が必要です。答えが分かっていないとしても、現実を一旦離れ、聞くべき質問を聞く覚悟が必要です。

システムの可用性を向上させるというゴールを、ユーザーの視点から評価するのに役立つ質問の例を次にいくつか紹介します。

- 現在の可用性はどの程度か？
- どのコンポーネントが最も良い可用性を備えているか？ 最も可用性が悪いコンポーネントはどれか？
- どのコンポーネントやサービスが最もダウンしているか？
- なぜコンポーネントやサービスが利用できなくなるのか？

- 典型的な停止時間はどのくらいか？
- 障害はいつ発生するのか？

それぞれの質問に答えるために、1つまたは複数の**メトリクス**を定義します。メトリクスは、単純なルーブリック[†2]、ブール値（はい/いいえ、真/偽）、統計的推論、複雑な式など、さまざまな形をとることが可能です。どのようなメトリクスを使用するにしても、明確で正確な定義が必要です。各メトリクスは、少なくとも1つの質問と関連させましょう。1つのメトリクスが複数の質問に答えるために使われることもあります。1つの質問に答えるために、複数のメトリクスが必要になることもあります。

これらをまとめると、**図10-1**に示すようなGQMツリーを作成できます。

私がこの方法を気に入っているのは、**ゴール**を特定し、ゴールを評価するための**質問**を列挙し、質問に対する答えを導き出すための**メトリクス**を定義する、というように、その名前がすべてを物語っているところです。

ほぼ名前の通りであることが分かったでしょう。メトリクスを定義した後は、それを算出するために必要なデータをどのように収集するかを決めなければなりません。

## 10.1.2 メトリクスの優先順位付けとデータ収集戦略の策定

どうやったら目標を**計測できるか**を知るだけでは十分ではありません。どのように**計測するか**についても計画する必要があります。質問とメトリクスのブレインストーミングがうまくいったなら、GQMツリーはいくつかの枝に分かれているはずです。実際には、すべてのメトリクスが強いシグナルを出すわけではありません。いくつかのメトリクスは、算出するのが非現実的だったり、コストがかかったりします。データの収集方法を決定する前に、GQMツリーを少し刈り込んでおくとよいでしょう。

強力なシグナルを提供しつつも計算コストが低いメトリクスに焦点を当てることが最善です。まず、最も強いシグナルを提供するキーメトリクスを特定します。次に、複数の質問に答えるために使用できるメトリクスを探します。複数のメトリクスで答えられる質問がある場合は、すべてのメトリクスが必要かどうかを慎重に検討し

†2 訳注：評価項目と評価基準の2軸からなる定性的な評価基準。

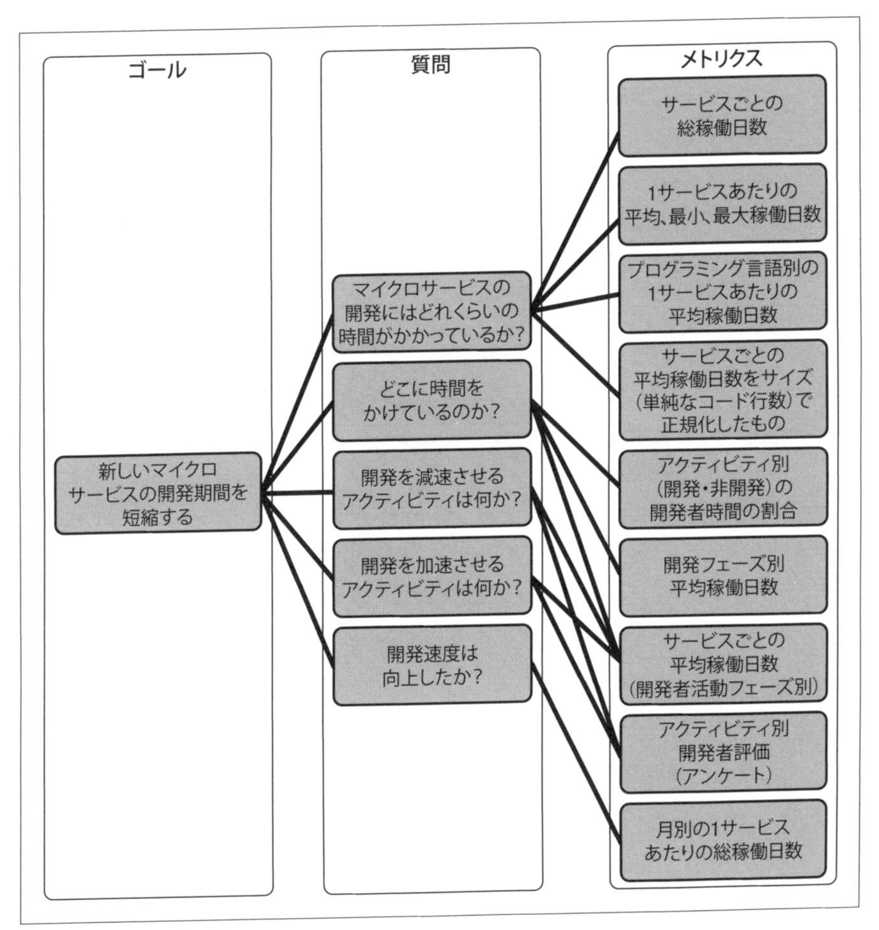

図10-1　QGM ツリー例

ます。評価の公平さを保つには、ポジティブなメトリクスとネガティブなメトリクス、つまり成功指標と失敗指標の両方を持つのが有効であることを覚えておいてください。

次に、メトリクスを算出するために必要なデータを検討します。メトリクスをまだ正確に定義していない場合は、今すぐ取り組みましょう。(**図10-2** に示すように) GQM ツリーを拡張して、データの使用場所を可視化します。メトリクスを算出する助けになればなるほど、そのデータの価値は高くなります。**図10-3** は、データとメ

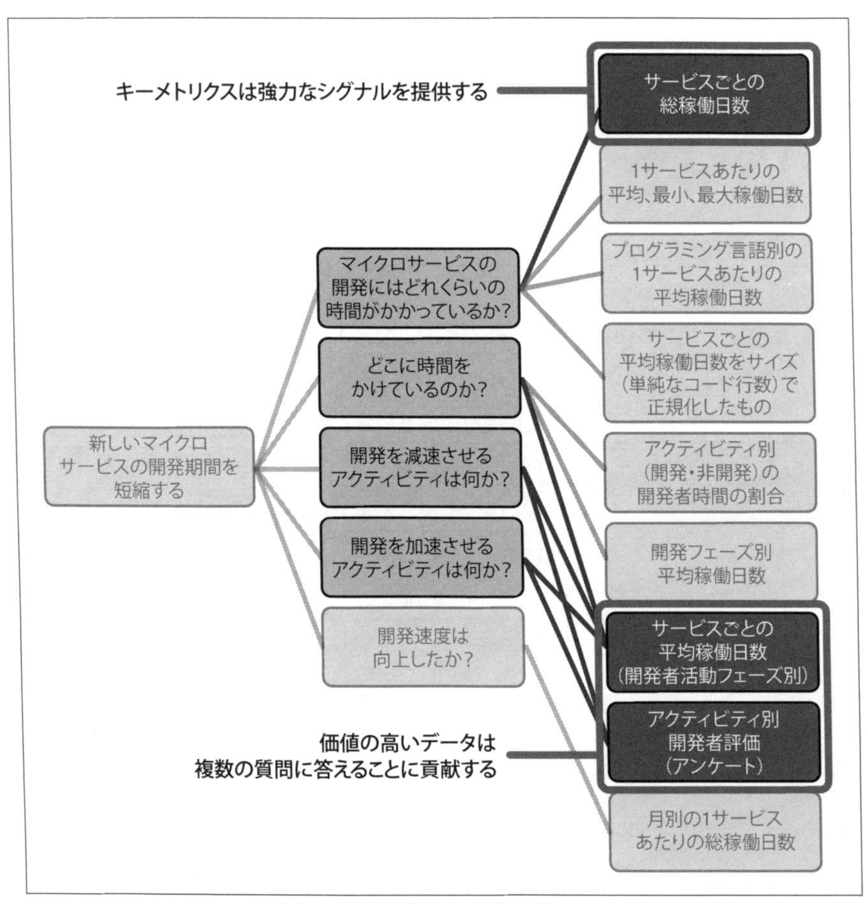


図10-2 キーメトリクスは強力なシグナルを提供し、複数の質問に答えるために使用できる

トリクスをつなぐ拡張GQMツリーを示しています。収集コストが低く、価値の高いメトリクスを提供するデータは、最優先のデータとすべきです。

計測する内容によっては、多くのソースからデータを得る必要があります。必要なデータを記録するには、コードを計測する必要があるかもしれません。開発プロセスや開発手法に関するデータは、調査から得たり、タスクデータベースから取得したりするでしょう。**コードに関するデータ**は、ソースコードリポジトリから得たり、静的解析ツールを使って抽出したりします。短期の実験の場合には、数日間、手動でデー

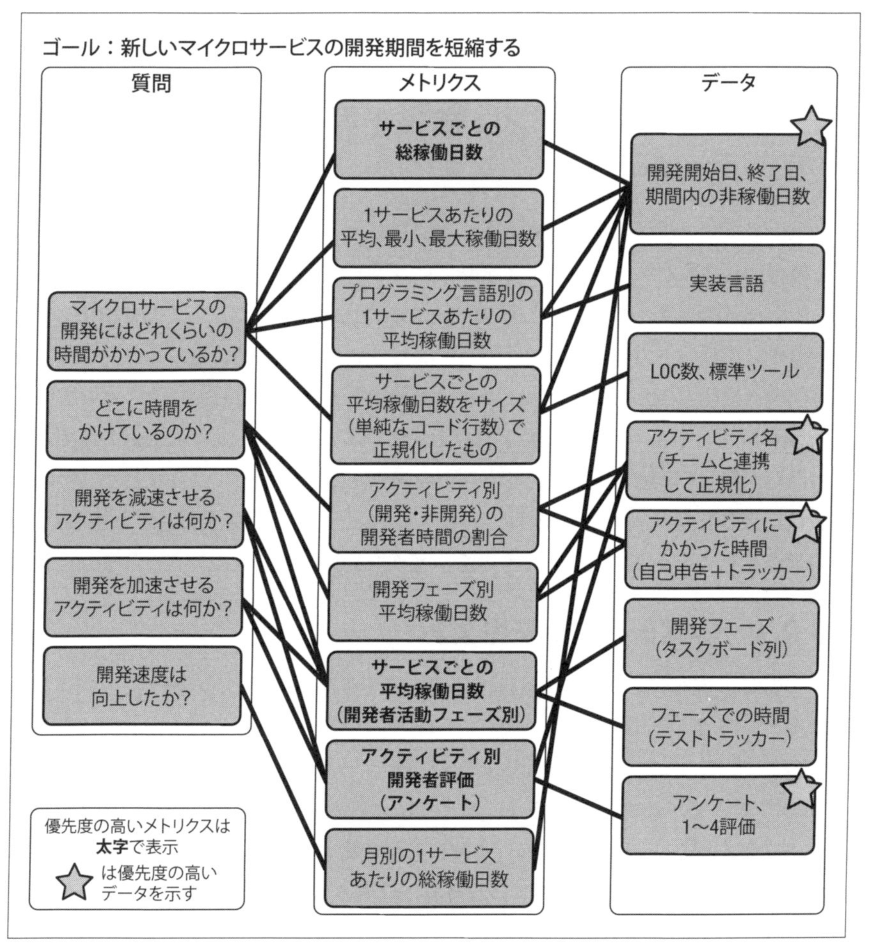


図10-3　GQMツリーでメトリクスとデータに優先順位をつける

タを収集するのが最も簡単で安価かもしれません。重要なのは、メトリクスを算出するために必要なデータをどこで入手するかを知っておくことです。

これで、データを収集し、メトリクスを算出するための具体的な計画を作成するのに十分な情報が得られました。ゴールによっては、すべてのメトリクスを算出したり、すべての質問に答えたりする必要のない場合もあります。データの記録と収集、メトリクスの算出、ダッシュボードの構築など、必要な作業を決めましょう。チームやその他のステークホルダーと計画を共有したら、それを実行に移しましょう。

## 10.2　ケーススタディ：未来を見通す力を身につけたチーム

GQM アプローチの基本的な考え方を理解したところで、実際にどのように活用できるのか、具体的なケーススタディを見ていきましょう。

このケーススタディでは、ある開発チームが直面したサービス障害を紹介します。最初のインシデントの事後分析で、チームは GQM を使用して、インシデントについてより早く検知できたであろうメトリクスを特定しました。そして、運用の可視性を向上させ、アーキテクチャに重要な変更を加えることで対応しました。9ヶ月後、同様の問題が発生したため、これらのメトリクスが試されることになりました。そのときには、変更を行っていたおかげで、チームはユーザーよりも先に問題を検知でき、大規模な障害になるところだったものを、僅かな期間の不便さで抑えられました。

### 10.2.1　システムコンテキスト

このケーススタディのシステムは、特定のデータ操作をサードパーティサービスに依存しています。これらのサードパーティサービスの中には、API のレートリミットを課しているものがあります。このアーキテクチャでは、サードパーティサービスによってデータが最終的に処理されるようにするためと、それらのサービスへのリクエスト量を管理するためにキューを使用しています。このケーススタディでは、技術詳細はアーキテクチャパターンほど重要ではありません。**図10-4**は、アーキテクチャの関連部分のコンテキスト図になります。

このシステムには、Foo サービス（実際の名前ではありません）という名前の重要なサードパーティサービスがあります。Foo サービスは、ライセンス契約で定義された API リクエストのレートリミットを課しています。リクエスト数がライセンス契約で定められた閾値を超えると、Foo サービスはリクエストを拒否して「レートリミット超え」というレスポンスを返します。それ以降のリクエストは、算出されたレートが合意した閾値を下回るまで拒否され続けます。時間単位の料金制限と日単位の料金制限の両方が課されます。また、リクエストのサイズや Foo サービスが使用する総計算負荷にも制限が設けられています。

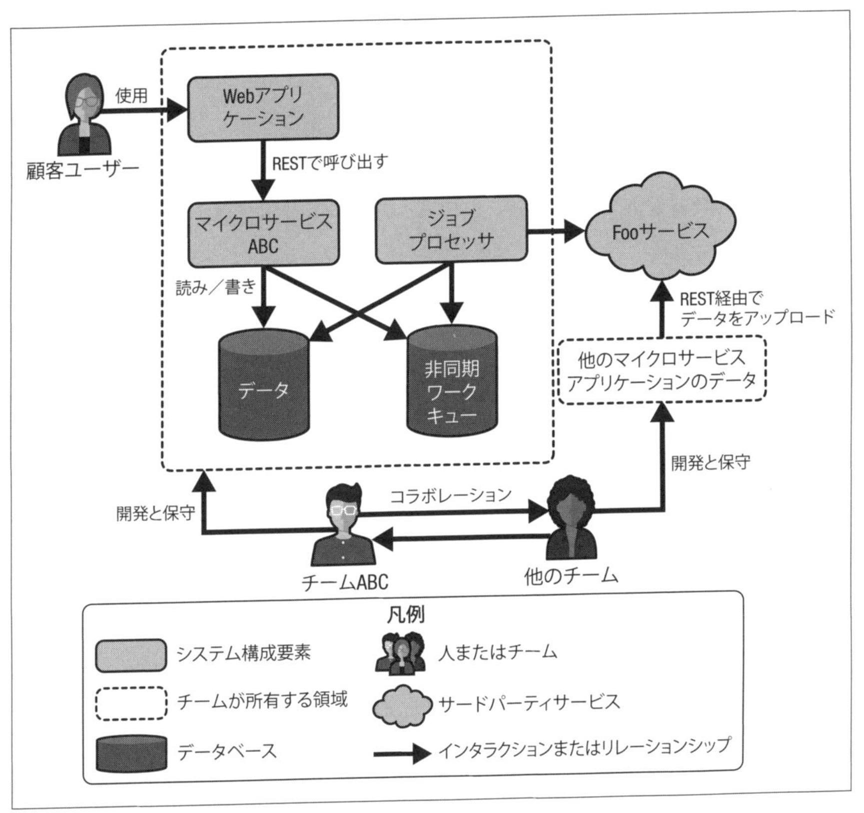


図10-4　システムコンテキスト図

非同期ワークキューは、アーキテクチャの重要な部分です。Fooサービスなどのサードパーティサービスとのやり取りを管理するほか、ワークフローを駆動し、他のデータ分析を管理します。キューが大きくなりすぎると、内部ユーザーに悪影響が出る可能性があります。キューは、例えば、ある種のリクエストの失敗に対してサードパーティのサービスへのリクエストを再試行するなど、一定のレジリエンスを持つよう設計されています。一時的に障害が発生しても、キューとワーカーが稼働を続けている限り、システムは最終的に正しく一貫性のある状態に到達します。自己修正はシステムにとって重要な性質です。Fooサービスのケースでは、レートリミットは超えやすいものの、そのリミットはすぐ解除されるため、自己修正は特に重要となります。

## 10.2.2 インシデント#1：Fooサービスへのリクエストが多すぎる

ある月曜日の早朝、FooサービスはAPIのレートリミットを超えたためにリクエストを拒否するようになりました。Fooサービスのレートリミットはソフトウェアシステム全体の共有資源であるため、複数のコンポーネントに同時に影響が及びました。数時間のうちに、各ジョブが処理のためにワークキューに残る時間は劇的に増加し、ユーザーはその影響を受けていました。

チームはすぐに問題を特定しました。毎週末、大量のデータがFooサービスにアップロードされることで、月曜日の朝には社内ユーザーが利用できるようになります。このバッチ処理のバグとストレージソリューションの障害が重なり、バッチ処理がFooサービスに対するAPIリクエストを繰り返し再試行し、最終的にレートリミットを超える事態が発生しました。暴走したバッチ処理を停止させることで、システムは徐々に復旧していきました。ストレージソリューションが修復されると、バッチ処理は正常に終了しました。

このインシデントの事後調査において、開発チームは、バッチ処理のバグを修正することが明白かつ重要なアクションアイテムであると判断しました。チームは次のように考えました。「Fooサービスとの通信に問題があることを、もっと早く知ることができたのではないか？」。この疑問に答えるため、チームはGQMに目を向けました。

### 10.2.2.1 障害はどのようなものか？

もし、チームがもっと早く問題に気づいていたら、もっと早くに対応を行い、ユーザーへの影響を避けることができたかもしれません。チームは、潜在的な障害シナリオをよりよく特定し、潜在的な障害に迅速に対応する方法を見つけ出す必要がありました。

ゴールは、Fooサービスに関わる問題を早期に発見し、その問題がユーザーに悪影響を及ぼす前に緩和・解決するというシンプルなものでした。理想を言えば、エンジニアチームは未来を見通すことのできる全能の魔術師で構成されているとユーザーに思われるべきです。

このゴールを念頭に置いて、チームはゴールの達成に役立つ質問とメトリクスをブレインストーミングしました。Fooサービスの障害を予測することの本当の意味を深く理解するにつれ、質問とメトリクスは変化し、進化していきました。チームは、共有ドキュメントを使って質問を集め、約30分間繰り返しアイデア出しを行いました。

**表10-1**は、チームが発見したことをまとめたものです。

表10-1　メトリクスに関するブレインストーミングのまとめ。

ゴール：Fooサービスを使用する際の問題を発見し、ユーザーに影響が及ぶ前にエンジニアチームが軽減または解決できるようにする

| 質問 | メトリクス |
|---|---|
| 現在のFooサービスAPIの使用状況は？ | Fooサービスから報告されたAPI使用量 |
| Fooサービスのレートリミットの超過にどの程度近づいているか？ | 残りのAPIコール（利用可能量－報告された使用量） |
| | すべてのコンポーネントの残りのAPI量（報告された使用量/総量） |
| | 各コンポーネントの残りのAPIクオータ（コンポーネントが追跡した使用量/コンポーネントが割り当てたクオータ） |
| Fooサービスに問題があるのか、Fooサービスへの接続に問題があるのか？ | ハートビートが成功している（ブール値。計測異常に対処するためのエラー許容値を持つ） |
| | 合成トラフィックが期待通りにFooサービスに同期されている（ブール値） |
| | 過去15分でのタイムアウトしたリクエストの割合 |
| | 過去15分の認証エラーリクエストの割合 |
| ジョブは期待通りに動作しているか？ | 総リクエスト数 |
| | 通常レスポンス、エラーレスポンス、タイムアウトレスポンスの数 |
| | 過去15分のエラーレスポンスの割合 |
| リクエストの負荷に追いついているか？ | ジョブキューの深さ（保留中のジョブおよび進行中のジョブの数） |
| | 時系列での平均キュー深さ |
| | 平均、99パーセンタイル、95パーセンタイルのジョブ処理時間 |
| | 平均的なジョブのスループット（ジョブ数/時間） |

Fooサービスの問題を発見するために必要なメトリクスを理解したチームは、データの収集に目を向けました。この時点で、チームはアーキテクチャにいくつかの欠陥があることを発見しました。まず、データが記録されるのは、システムに負荷がかかっているときだけでした。2つ目は、失敗や再試行を処理する責務が、アーキテクチャの中で明確に割り当てられていませんでした。3つ目は、チームメンバーが問題

への対応方法を確認できていませんでした。

#### 10.2.2.2 運用の可視化とアーキテクチャの改善

最初の問題は、データを収集するためにシステムがどのように計装されているかに直接関係していました。トラフィックがなければ、Foo サービスにリクエストが行くことはありません。リクエストがなければ、Foo サービスが期待通りに動いているのかどうかが分かりません。誰も必要としない時に Foo サービスが停止しても問題はないのですが、潜在的な問題を事前にユーザーに知らせるオプションが欲しいというのがチームの要望でした。もちろん、Foo サービスを修正することはできませんが、この情報を使って、自分たちの制御下にある他の潜在的なシステム障害を予測することは可能です。

このデータ収集の穴を埋めるため、チームは Foo サービスの可用性をチェックする新しいハートビートコンポーネントをアーキテクチャに導入しました。幸いなことに、Foo サービスでは計測 API を提供しており、顧客は現在の API 使用量を確認し、Foo サービスにアクセスできることを確認できます。計測 API が提供する追加情報により、API 全体の予算管理も容易になりました。

次に、障害時の対処をジョブではなくワークキューに割り当てるように、アーキテクチャ設計を明確化しました。以前の設計では、障害時の対処をどうするかを明確には定めていませんでした。その結果、一部のジョブが Foo サービスに対する失敗したリクエストを再試行しようとし、インシデントの影響をさらに悪化させることになりました。

ダウンタイムインシデントの間、独自のリカバリーアクションを試みたジョブは、より長い時間実行されました。これらのジョブは必然的に失敗し、後で再試行するために再びキューに入ることになり、キューの混雑は増すばかりでした。その結果、Foo サービスに送られるリクエストの数は、時間の経過とともに途方もなく増えていきました。最悪のケースでは、Foo サービスに対する試行が 5 回失敗し、10 回再試行された後に永久に失敗したジョブもあり、その結果、API リクエストの総数は 50 件になりました。チームは、ジョブが速やかに失敗すべきであると判断し、これを **ADR** に記録しました。

メトリクスが手に入ったことで、チームは明確なアクションプランを立てるのに必要な構成要素を手にしました。アラートを追加し、特定されたメトリクスを自動的に監視できるようにしました。メトリクスごとに手順書を作成し、潜在的な問題に対応するために何をすべきかを全員が把握できるようにしました。各手順書は、問題の診断を容易にし、偽陽性を排除するために、メトリクスを参照しています。また、復旧作業を支援するためのツールを作成し、診断用の API を追加しました。

### 10.2.3 インシデント#2：未来を見る

根本的な原因を突き止めたのに、これだけの作業が必要なのかと疑問を抱いたメンバーもいました。しかし、約 9 ヶ月後、チームは自分たちが行ったメトリクスとアーキテクチャの変更がいかに貴重なものであったかを知ることになります。

ある金曜日の早朝、Foo サービスの開発者が設定変更を行ったところ、システムが完全に停止してしまったのです。それから 14 時間、Foo サービスは完全に利用不能に陥りました。

この時は、チームは準備ができていました。Foo サービスが全体で使えなくなってから 10 分以内に、特定されたメトリクスの 1 つに基づくアラートを受信したのです。新しい診断 API のおかげで、問題は Foo サービスにあり、自分たちが制御できるものではないことをすぐに確認できました。いくつかのアラートを無効にし、メトリクスを監視して、ADR に記載されているように、ジョブの失敗が指数バックオフ[†3]を使用して再試行されていることを再確認しました。すべては計画通りに動きました。

勤務開始直後、1 人のユーザーも問題に気づかないうちに、チームは社内ユーザーに問題を知らせる電子メールを送信しました。9 ヶ月前には最優先の重大な問題だったものが、今では（少なくともこのチームにとっては）ほとんど注目されることのない出来事になっていたのです。Foo サービスがオンラインに戻ると、システムは設計通りに自己修正し、チームは数時間かけてすべてが正常に戻るのをシステムメトリクスで監視しました。

### 10.2.4 ふりかえり

このケーススタディでは、あるチームが GQM アプローチを使ってシステム設計を変更し、大規模なシステム停止への対応をより効果的に行った事例を紹介しまし

†3 訳注：遅延を増加させながらリトライを繰り返すアプローチ。原語をそのままカタカナとし、エクスポネンシャルバックオフ（exponential backoff）と呼ばれることも多くあります。

た。このプロセスで特定されたメトリクスは、運用の可視化とインシデント対応戦略の重要な部分となりました。さらに、メトリクスとメトリクスの算出に必要なデータについて具体的に考えることで、アーキテクチャのギャップが明らかになりました。そこで、必要なデータを収集するための新しいコンポーネントを追加し、再試行に関するアーキテクチャ上の責任を明確化しました。

インシデントの事後検証の多くでは、運用の可視化と対応戦略の弱点が明らかになります。このケーススタディが示すように、GQMはこれらの弱点を浮き彫りにするだけでなく、より良いソフトウェアシステムへの道筋を示すために活用できます。

## 10.3 GQMワークショップを開催する

GQMは、1人または少人数のグループで困難な問題を分析するための素晴らしいツールです。このセクションでは、GQMワークショップを実施するための基本的な知識を学びます。

### 10.3.1 ワークショップの概要

ワークショップの目的は、特定のゴールのために算出・収集するメトリクスやデータについて、コンセンサスと共有のオーナーシップを構築することです。ワークショップの終了時には、参加者全員が、特定のメトリクスが必要な理由と、それらのメトリクスの算出方法を理解している必要があります。

#### 10.3.1.1 利点

このワークショップでは、計測の基礎としてステークホルダーの目標に着目することで、メトリクスやデータ収集計画に対する信頼性を高められます。ステークホルダーの参加は、最終的なメトリクスやデータ収集計画に対する賛同を得て、より綿密な分析へとつながります。

ワークショップそのものが、構造化分析の使い方をグループに示すチャンスです。構造化分析が役に立ったと感じた参加者は、他の場面でもGQMを適用しようとするでしょう。

### 10.3.1.2　参加者

ワークショップには、技術的なステークホルダーと非技術的なステークホルダーの両方が参加できます。目的によっては、非技術的なステークホルダーの参加が**必須**となります。例えば、ワークショップで特定のビジネスプロセスに焦点を当てたゴールを探求する場合には、対象のビジネスプロセスの専門家が参加する必要があります。同様に、ゴールがプロダクトのローンチに関するものであれば、プロダクトマネジメント、マーケティング、デザイン、セールスのステークホルダーが参加する必要があります。また、常に少なくとも 1 名のソフトウェア開発者は参加する必要があります。

このワークショップは、2〜5 人の小グループで行うのが最適ですが、分科会を利用すれば、大人数でも進行可能です。また、1 人で使ったとしても GQM が素晴らしい分析手法であることに変わりはありません。

### 10.3.1.3　準備と資料

ワークショップの前に、ワークショップを開始する際に使用するゴールステートメントのドラフトを作成します。ゴールを知ることは、適切な参加者を招くかどうかの判断材料にもなります。

ワークショップを対面で行う場合には、大きなホワイトボードとホワイトボードマーカーが必要です。付箋はオプションですが、質問やメトリクスのブレインストーミングに使用できます。

ワークショップをリモートで行う場合には、仮想ホワイトボード（Miro など）があると望ましいですが、参加者全員が編集できる共有ドキュメント（Google Docs や Dropbox Paper など）でも問題ありません。必要であれば、単純な画面共有も可能ですが、その場合はステークホルダーが作業するハードルはより高くなります。

### 10.3.1.4　成果

ワークショップの終了までに、次を作成する必要があります。

- すべてのステークホルダーが納得するゴールステートメント
- ゴールを特徴付ける質問のリスト
- 優先順位をつけたメトリクスのリストと、そのメトリクスの答えとなる質問へ

の言及

- メトリクスの定義（公式または非公式なもの）
- メトリクスを算出するために必要なデータのリスト

### 10.3.2　ワークショップの手順

次に示すのは、ワークショップを実施する一般的な手順です。

1. まず、ワークショップを紹介し、基本ルールを共有します。例えば「今日は、これから発売されるプロダクトを評価するために必要なメトリクスを定義するために、一緒に作業します。ワークショップの間、お互いに優しさ、思いやり、尊敬の念を持って接することを忘れないでください」など。
2. ゴールステートメントを全員が見えるように書き出します。ホワイトボードを使用する場合は、質問と評価基準を追加するためのスペースを十分にとってください。
3. 参加者に質問を提供するよう呼びかけます。「このゴールを達成したかどうかを知るためには、どのような質問に答える必要がありますか？」。時間がなくなるか答えが出尽くすまで、質問を集めましょう。
4. 質問を選び、その答えとなるメトリクスをブレインストーミングするようグループに呼びかけます。出てきたアイデアを書き出し、全員が見られるようにします。メトリクスから、そのメトリクスが答えることができるすべての質問に線を引きます。これはブレインストーミングであることを忘れないでください。参加者には、メトリクスの算出方法やデータの収集方法についてまだ気にせず、創造性を発揮するように促します。時間がなくなるか、グループがアイデアを出し尽くすまで、メトリクスを収集し続けます。
5. すべての質問に少なくとも１つのメトリクスを設定したら、ゴールに立ち返り、サニティチェックを行います。これらのメトリクスは、このゴールを評価するのに役立っているでしょうか。ゴールを見直す必要はありますか。新たに検討すべきゴールはないでしょうか。必要な場合には、ゴールステートメントを洗練させましょう。
6. 各メトリクスの算出に必要なデータを特定します。また、メトリクスをより正確に定義する必要がある場合もあります。

7. メトリクスに優先順位をつけます。これにはいくつかの方法があります。一般的なアプローチとしては、「必須」メトリクスを特定する、複数の質問に答える費用対効果の高いメトリクスを探す、ドット投票、価値/労力でソートする、などがあります（優先順位付けのテクニックは１つだけで構いません）。
8. 最終的なふりかえりと観察の場を設けます。何かサプライズはありましたか？最も重要なメトリクスについて、コンセンサスは得られているでしょうか？ 問題がありそうな、あるいはコストがかかりそうなメトリクスはないでしょうか？
9. ワークショップの後、成果を記録し、参加者全員で共有します。宿題として、必要であれば、グループの調査結果を記した報告書を作成します。

### 10.3.3 ファシリテーションのガイドラインとヒント

ワークショップを進行するためのガイドラインとヒントをいくつか紹介します。

- 質問とメトリクスを作成する際は、参加者は付箋紙を使い、１枚のメモに１つの質問を書き込んでブレインストーミングを行います。ブレインストーミングが終わったら、参加者に付箋を読み上げてもらいましょう。それらをクラスタリングして重複を削除したら、次に進みましょう。
- メトリクスの特定は決して簡単な作業ではありません。もしグループが行き詰っているようなら、「データをどうやって取るかについては、まだ心配しないでください。必要なメトリクスが分かったら、それを算出する方法を考えましょう」と「既成概念にとらわれない」考えを促しましょう。
- メトリクスやデータを再利用する機会を探します。メトリクスは複数の質問に答えるために使用できるので、同じデータで複数のメトリクスを算出できるかもしれません。
- システムに焦点を当てた質問では、アーキテクチャがデータを収集する能力に影響を与える可能性が高いです。データ収集のコストを評価するために、アーキテクチャに詳しい人がワークショップに参加する必要があります。
- GQM ツリーの写真を撮ることを、くれぐれも忘れないようにしましょう。これは、GQM 分析のエッセンスを共有するための迅速かつ簡単な方法です。

### 10.3.3.1 例

この章では、GQMツリー、ゴール、質問、メトリクスの例をいくつか見てきました。**図10-5**は、対面で行ったGQMワークショップで作成されたGQMツリー例です。このワークショップにおけるゴールは、不正調査用のフラグをレコードに立てるための分析を特定することでした。この段階のGQMツリーは、まだかなり乱雑であるのが分かります。

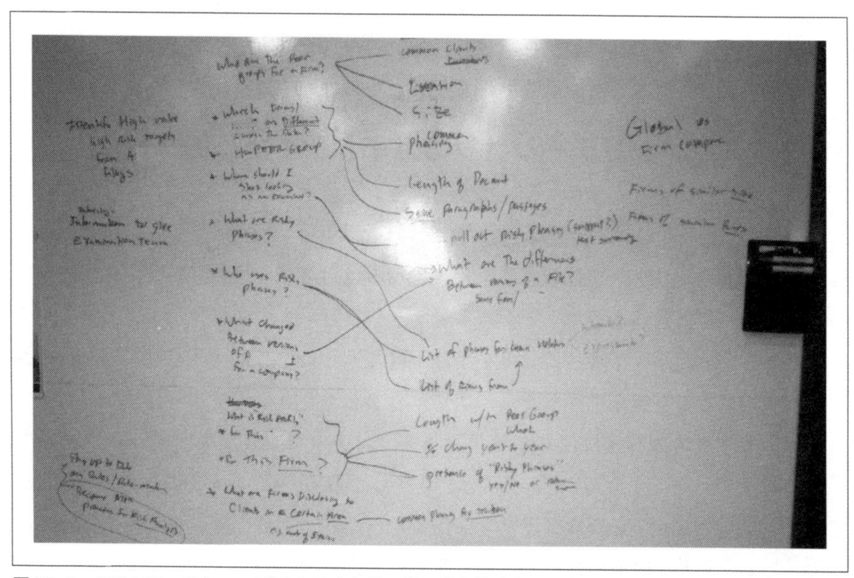

図10-5 GQMワークショップでホワイトボードに書き込まれたGQMツリー例

ワークショップの後、ファシリテーターは、議論されたメトリクスを正確に定義した要約を作成しました。ステークホルダーは、フォローアップミーティングでメトリクスの優先順位を決定しました。ここでは、データ収集とメトリクス算出は、アーキテクチャ設計とプロジェクトスコープに直接反映される重要なシステム要件となりました。

## 10.4 結論

大学を卒業した後の最初の仕事で、私は、分散型でリアルタイム通信を行う、複雑なセーフティクリティカルシステムの評価を担当する優秀なチームに参加しました。その評価では、大量のメトリクスを収集し、使用しました。チームリーダーはこう言っていました「メトリクスから分かるのは、何かが間違っているということだけなんだ。メトリクスは、それに対して何をどうすべきかといったことは教えてはくれない」。GQMは、メトリクスを実践的に読み解くために必要な文脈を提供します。

ソフトウェアアーキテクトである私は、チームが最も重要なことを計測するのを助けるのに最も適した立場にいることがよくあります。とりわけ、計測の必要性は分かっているものの、何を計測すべきかをチームがよく分かっていないときがそうです。そうしたときには、2週間くらいかけて、戦略的なプランニングを行い、OKRを作り、プロダクト立ち上げの準備を行い、技術的負債の扱いを決定し、特定の品質特性を満たすシステムアーキテクチャを設計して、計測するチームを支援するかもしれません。

GQMは、私の道具箱から最も頻繁に取り出される道具です。GQMは、分析ツールとしても、チームへのコーチングツールとしても、ステークホルダー間の調整を行うワークショップツールとしても有用です。メトリクスを文書化する場合でも、計測やデータ収集に関する議論を促進する場合でも、GQMは役に立ちます。目標から始め、ゴールを評価するための質問を行い、その質問に答えられるようなメトリクスをブレインストーミングしましょう。

自分が深く理解していることについて良いメトリクスを見つけるのは簡単です。一方で、最も有用なメトリクスは、自分がまだ完全に理解していないことを計測するのに役立ちます。もちろん、理解できていないことは、計測が最も困難なことでもあります。GQMは、この濁流の中を進む手助けをしてくれる手法です。

# 参考文献

[1] Nicole Forsgren, Jez Humble, Gene Kim (2018), *Accelerate: The Science of Lean Software and DevOps: Building and Scaling High Performing Technology Organizations*, IT Revolution Press
『Lean と DevOps の科学：テクノロジーの戦略的活用が組織変革を加速する』武舎広幸、武舎るみ 訳、インプレス

[2] Donella H. Meadows and Diana Wright (2008), *Thinking in systems: A Primer*, Chelsea Green Pub
『世界はシステムで動く：いま起きていることの本質をつかむ考え方』枝廣淳子 訳、英治出版

[3] Gene Kim, Kevin Behr, and George Spafford (2018), *The Phoenix Project: a novel about IT, DevOps, and helping your business win*, IT Revolution Press
『The DevOps 逆転だ！：究極の継続的デリバリー』榊原彰 監修、長尾高弘 訳、日経 BP

[4] Neal Ford, Rebecca Parsons, Patrick Kua (2017), *Building Evolutionary Architectures: Support Constant Change*, O'Reilly
『進化的アーキテクチャ：絶え間ない変化を支える』島田浩二 訳、オライリー・ジャパン

[5] Len Bass, Paul C. Clements, and Rick Kazman (2012). Software Architecture in Practice. Addison-Wesley
『実践ソフトウェアアーキテクチャ』佐々木明博、前田卓雄、加藤滋郎、吉野圭

一、新田修一 訳、日刊工業新聞社

[6] Carola Lilienthal (2019), Sustainable Software Architecture. Rocky Nook

[7] Paul M. Duvall with Steve Matyas and Andrew Glover (2007), *Continuous Integration: Improving Software Quality and Reducing Risk*, Addison-Wesley
『継続的インテグレーション入門：開発プロセスを自動化する 47 の作法』丸山大輔、大塚庸史、岡本裕二 訳、日経 BP 社

[8] Frederick P. Brooks, Jr (1995), *Mythical Man-Month, The: Essays on Software Engineering*, Addison-Wesley
『人月の神話』、富澤昇、滝沢徹、牧野祐子 訳、丸善出版

[9] Matthew Skelton and Manuel Pais (2019), *Team Topologies*, IT Revolution Press
『チームトポロジー：価値あるソフトウェアをすばやく届ける適応型組織設計』原田騎郎、永瀬美穂、吉羽龍太郎 訳、日本能率協会マネジメントセンター

[10] Jez Humble and David Farley (2010), *Continuous Delivery: Reliable Software Releases through Build, Test, and Deployment Automation*, Addison-Wesley
『継続的デリバリー：信頼できるソフトウエアリリースのためのビルド・テスト・デプロイメントの自動化』和智右桂、高木正弘 訳、アスキードワンゴ

[11] Cindy Sridharan (2018), *Distributed Systems Observability*, O'Reilly Media, Inc.

[12] Atul Gawande (2011). *The Checklist Manifesto: How to Get Things Right*, Metropolitan Books
『アナタはなぜチェックリストを使わないのか？：重大な局面で "正しい決断" をする方法』吉田竜 訳、晋遊舎

[13] Robert Cecil Martin (2014), *Agile Software Development, Principles, Patterns, and Practice*, Pearson Education
『アジャイルソフトウェア開発の奥義 第 2 版：オブジェクト指向開発の神髄と匠の技』瀬谷啓介 訳、ソフトバンククリエイティブ

[14] John Lakos (1996), *Large-scale C++ Software Design*, Addison-Wesley
『大規模 C++ ソフトウェアデザイン』滝沢徹、牧野祐子 訳、ピアソン・エデュ

ケーション

[15] Adam Tornhill (2015), *Your Code as a Crime Scene: Use Forensic Techniques to Arrest Defects, Bottlenecks, and Bad Design in Your Programs.* Pragmatic Bookshelf

# 訳者あとがき

本書は、“Christian Ciceri, Dave Farley, Neal Ford, Andrew Harmel-Law, Michael Keeling, Carola Lilienthal, João Rosa, Alexander von Zitzewitz, Rene Weiss, Eoin Woods. Software Architecture Metrics: Case Studies to Improve the Quality of Your Architecture. O'Reilly, 2022. 978-1098112233” の全訳です。翻訳にあたっては First Edition を底本とし、原著の誤記・誤植などについては確認の上、一部修正しています。

本書は、10 名のソフトウェアアーキテクトたちによる、ソフトウェアアーキテクチャメトリクスをテーマとした論集となっています。

著者には、次のような名だたるソフトウェアアーキテクトが名を連ねています。

- Dave Farley『継続的デリバリー』『継続的デリバリーのソフトウェア工学』著者
- Neal Ford『進化的アーキテクチャ』『ソフトウェアアーキテクチャの基礎』『ソフトウェアアーキテクチャハードパーツ』著者
- Michael Keeling『Design It!』著者
- Carola Lilienthal『Sustainable Software Architecture』著者
- Eoin Woods『Continuous Architecture in Practice』『ソフトウェアシステムアーキテクチャ構築の原理』著者

## ソフトウェアアーキテクチャは観測可能か

ソフトウェアアーキテクチャは、まず最初に組織の目標や技術的な制約などから導かれるアーキテクチャ要件に基づいて構想されます（目標アーキテクチャ）。構想されたアーキテクチャは、構築を通じてソフトウェアシステムの中に作り込まれます（実アーキテクチャ）。

ソフトウェアシステムがアーキテクチャ要件を満たしているかを知るには、実アーキテクチャを評価しなければなりません。それには、動作しているシステムから得られる知識から、実アーキテクチャを推測する尺度や仕組みが必要となります。

実アーキテクチャをいかに観測可能なものとし、目標と照らしていけるか。それが本書のテーマです。そして、そのために用いるのが、ソフトウェアアーキテクチャメトリクスです。

## ソフトウェアアーキテクチャメトリクス

目標アーキテクチャは、組織の環境や状況に従うため、システムごとに固有のものとなります。目標アーキテクチャが異なれば、実アーキテクチャもまた異なったものとなります。そうすると、実アーキテクチャの評価に用いるメトリクスも、当然、組織やシステムによって異なってきます。

ソフトウェアデリバリーのパフォーマンスが特に重要なメトリクスである状況もあれば（1章）、テスト容易性やデプロイ可能性（2章）、保守性（9章）が重要なメトリクスである場合もあります。ソフトウェア構築時のプロセスに関するメトリクス（5章）が重要であることもあれば、場合によっては、独自のメトリクスを作り出す必要もあるかもしれません（4章）。

そうすると、状況に応じた適切なメトリクスを見極め、選んでいくことが重要になってきます（6章、10章）。

ぜひ、本書を通じて、さまざまなメトリクスや取り組みに触れ、ソフトウェアアーキテクチャを保護するための自分たちに合った仕組みを見つけていっていただければと思います。

実アーキテクチャは、変化し続けるソフトウェアシステムの中で、容易に「巨大な泥団子」へと変貌してしまいます。目標アーキテクチャも、組織のビジネスや規模の変化に伴って絶えず変化していきます。

実アーキテクチャが目標アーキテクチャから離れないよう保護し続けていくために、あるいは、実アーキテクチャを目標アーキテクチャに向けて誘導していくために、本書が皆様のお役に立つのを願っています。

## 謝辞

本書の刊行にあたり、多くの方々に多大なご協力をいただきました。記して感謝します。

翻訳原稿のレビューにご協力いただいた次の方々に深く感謝します（敬称略）。arton、omuomugin、青木大樹、秋勇紀（freddi）、阿部 耕太郎、井上 翔太朗、内山滋、梅本祥平、かたぎり えいと、川崎禎紀、北村 大助、窪田尚通、蛸島昭之、庄司重樹、杉村文美、砂田文宏、瀬尾直利、髙橋博実、富所亮、仁井田拓也、西浦一貴、榛葉真一、原木翔（hodagi）、原田騎郎、久万 善広、平賀由利亜、福原有信、藤野慎也、古橋 明久、村上拓也（むらみん）。皆さんからいただいたポジティブなフィードバック、指摘、そして内容についての対話がなければ、本書はこのような形には仕上がりませんでした。本書の読みやすさは、すべて皆さんのお力添えによるものです。

企画、編集は、オライリー・ジャパンの髙恵子さんが担当されました。いつも手厚い支援をいただいていることに感謝いたします。

2024年1月

島田浩二

# 索引

## N



## P



## Q



## R



## S



## T



## U



## あ

## き



## く



## け

## こ



## さ

し

## す



## せ



## そ

## た



## ち

## て

## ほ



## ま



## め

## も



## ゆ



## り



## る



## れ

ろ

## ● 著者紹介

**Christian Ciceri**（クリスチャン・チセリ）

優れたソフトウェアアーキテクチャで知られるソフトウェア開発会社 Apiumhub (https://apiumhub.com) の共同設立者。ソフトウェアアーキテクト。顧客 ID およびアクセス管理ソリューションアプリを提供する VYou（https://www.vyou-app.com/en）のチーフソフトウェアアーキテクトであり、Global Software Architecture Summit（https://gsas.io）のモデレーター責任者でもある。オブジェクト指向設計の問題に特に関心を持ち、コードレベルおよびアーキテクチャレベルの設計パターンとテクニックを深く研究して、専門家としてのキャリアをスタートさせた。アジャイル手法、特にエクストリームプログラミングの元実践者であり、TDD、継続的インテグレーション、ビルドパイプライン、進化的設計などのプラクティスを経験してきている。

Java、.NET、動的言語、純粋なスクリプト言語、ネイティブ C++ アプリケーション開発、古典的レイヤリング、ドメイン中心、古典的 SOA、ESB など、幅広い技術とアーキテクチャスタイルを探求している。「ソフトウェアアーキテクトは、スケーラブルで、予測可能で、安価な開発をチームが行えるような作業エコシステムを作るべきである」という信念を持つ。

**Dave Farley**（デイビッド・ファーリー）

継続的デリバリーの先駆者であり、継続的デリバリー、DevOps、TDD、その他ソフトウェア開発全般についての思想的なリーダーであり、専門的な実践者。

モダンなコンピューティングの初期の時代から長年にわたって、プログラマ、ソフトウェアエンジニア、システムアーキテクト、成功したチームのリーダーとして活躍しており、コンピュータとソフトウェアが機能する仕組みについての基本原理を理解した上でソフトウェア開発に対する従来のアプローチをひっくり返すイノベーティブで画期的なアプローチを生み出してきた。そして、従来の考え方に挑みながらも、世界トップクラスのソフトウェアを構築したチームを牽引してきた。

Jolt 賞を受賞した『継続的デリバリー』（アスキードワンゴ）の著者の一人であり、カンファレンスの人気スピーカーであり、ソフトウェアエンジニアリングを取り上げて成功を収めている YouTube チャンネルの運営者でもある。世界最速の金融取引所の一つを構築したほか、BDD のパイオニア、新しいベストセラー『継続的デリバリーのソフトウェア工学』（日経 BP）の著者、リアクティブ宣言の著者の一人、オープンソースソフトウェアに対するDuke賞受賞者（LMAX Disruptor）でもある。
現在は、コンサルティング、YouTubeチャンネル、トレーニングコースを通じて専門知識をシェアしており、ソフトウェアの設計、品質、信頼性の向上を目指す世界中の開発チームを支援することに情熱を注いでいる。

**Neal Ford**（ニール・フォード）
ThoughtWorksのディレクター、ソフトウェアアーキテクト、ミームラングラー（役職名。情報・文化の遺伝子体現者の意）。ThoughtWorksはエンドツーエンドのソフトウェア開発とデリバリーに特化したグローバルITコンサルタント会社。ThoughtWorksに入社する前は、ソフトウェアのトレーニングと開発で広く知られるThe DSW Group, Ltd.でCTOを務めていた。
ジョージア州立大学で言語とコンパイラを専門とするコンピュータサイエンスの学位を取得し、統計解析を専門とする数学の副専攻も持っている。アプリケーション、教材、雑誌記事、ビデオプレゼンテーションの設計開発も行っている。本書のような寄稿を除き、9冊の著書がある。大規模エンタープライズアプリケーションの設計と構築を主なコンサルティング領域としている。国際的に認知されている講演者であり、15年以上にわたって世界中の1,000を超える開発者向けカンファレンスで講演を行っている。Webサイトは、https://www.nealford.com。メールアドレスは、nford@thoughtworks.com。フィードバックを歓迎している。

**Andrew Harmel-Law**（アンドリュー・ハーメル・ロウ）
非常に熱意があり、自発的で、責任感の強いThoughtworksの技術者。Java/JVMテクノロジー、アジャイルデリバリー、ビルドツールと自動化、ドメイン駆動設計を専門とする。ソフトウェア開発ライフサイクル全般、政府機関、銀行、eコマースなど多くの分野で経験を積んでいる。彼の原動力は、複雑な顧客要件を満たす大規模なソフトウェアソリューションの開発にある。そのためには、人、ツール、アーキテクチャ、プロセスのすべてが重要な役割を果たすことを理解している。自分の経験をできる限り共有することを楽しんでおり、それは本業のコンサルティング業務を超え、メンタリング、ブログ投稿、カンファレンス（講演や主催）、コードのオープンソース化などを通じても活発に行われている。Twitter（@al94781）では主に、ソフトウェアやコミックについてしゃべるのを好んでいる。

**Michael Keeling**（マイケル・キーリング）
Kiavi に所属するソフトウェアエンジニア。著書に『Design It!』（オライリー・ジャパン）がある。Kiavi 入社以前は IBM で Watson Discovery の開発に携わる。サービス指向アーキテクチャ、エンタープライズ検索システム、軍事システムなど、さまざまなソフトウェアシステムの経験を持つ。受賞歴のあるスピーカーであり、アーキテクチャやアジャイルのコミュニティにも定期的に参加している。カーネギーメロン大学でソフトウェア工学の修士号を、ウィリアム・アンド・メアリー大学でコンピュータサイエンスの理学士号を取得。現在の研究テーマは、ソフトウェア設計手法、パターン、ソフトウェア工学における人的要因。連絡は Twitter（@michaelkeeling）または Web サイト（https://www.neverletdown.net）で受け付けている。

**Dr. Carola Lilienthal**（キャロラ・リリエンタール博士）
WPS（Workplace Solutions）のシニアソフトウェアアーキテクト兼マネージングディレクター。構造化された長寿命のソフトウェアシステムを設計するのが好み。2003 年以来、彼女と彼女のチームは、この目標を達成するためにドメイン駆動設計（DDD）を使用してきた。O'Reilly Software Architecture Conference をはじめ、多くの講演で DDD と持続可能なソフトウェアアーキテクチャに関する講演を行っている。彼女の経験は自身の著書『Sustainable Software Architecture』（Rocky Nook）と、ドイツ語版の『Domain-Driven Design Distilled by Vaughn Vernon』（Addison-Wesley）に凝縮されている。

**João Rosa**（ジョアン・ロサ）
組織開発を専門とする独立系コンサルタント（https://joaorosa.consulting/）。戦略と実行の間のギャップを埋めることで組織を支援している。コンサルタント業務の一環として、経営幹部や上級管理者への技術戦略アドバイザーとして活動し、CTO や CPTO のような暫定的な役職も引き受けている。知識を共有するのが好きで、ソフトウェア業界の人々にインタビューし、発見的手法やパターンから始める Software Crafts Podcast（https://oreil.ly/3BPYl）を運営している。親友の Kenny Baas-Schwegler（@kenny_baas）と共に世界中の実践者のフィールドストーリーを集めた書籍『Visual Collaboration Tools』（https://bit.ly/47oAUki）を企画した。この本の収益は、インクルージョンとダイバーシティを推進する技術系イニシアチブ（https://oreil.ly/PkqWZ）に寄付されている。また、講演者やトレーナーとしても活躍している。詳細はWebサイト（https://joaorosa.consulting/）を参照。

**Alexander von Zitzewitz**（アレクサンダー・フォン・ジッツェヴィッツ）
強力な静的コード解析ツールであるSonargraph（https://oreil.ly/apldy）を開発したhello2morrowの共同創業者兼取締役。また、ソフトウェアアーキテクチャとソフトウェアメトリクスのカンファレンススピーカー、トレーナー、コンサルタントとしても活躍している。1980年代からソフトウェアを書いたり、開発チームを管理したりしてきた。アーキテクチャとメトリクスに関するいくつかのルールに従うことで、あらゆるソフトウェアプロジェクトの成果を劇的に改善できると信じている。最近では、構造的なソフトウェアの崩壊を早期に発見するための新しいソフトウェアメトリクス（https://oreil.ly/QACxH）を開発した。2008年にドイツから米国に移住。趣味はハイキング、戦略ゲーム、ジャズ音楽。ドイツのミュンヘン工科大学でコンピュータサイエンスの学位を取得。

**Rene Weiss**（レネ・ワイス）
FinabroのCTO。ソフトウェア開発者、ソフトウェアアーキテクト、プロジェクトマネージャー、スクラムマスター、プロダクトオーナー、ソフトウェア開発責任者などを歴任し、13年以上にわたり、さまざまな環境や業界でアジャイルソフトウェア開発の取り組みをサポートしている。また、ソフトウェアアーキテクチャセミナーのトレーナーとして、さまざまなソフトウェアアーキテクチャのトピックについてチームを指導している。顧客と仕事をしていないときは、進化的なソフトウェアアーキテクチャや、適応度関数を用いてアーキテクチャをどう進化させるかといったことについて執筆や講演を行っている。また、O'Reilly Software Architecture Conferenceをはじめ、多くの国際カンファレンスでも講演を行っている。

**Eoin Woods**（オウェン・ウッズ）
EndavaのCTOとして、技術戦略を指導し、能力開発を監督し、新興技術への投資を指揮している。研究および産業界で広く著書を発表しており、主な著書に『ソフトウェアシステムアーキテクチャ構築の原理』（SBクリエイティブ）、『Continuous Architecture in Practice』（Addison-Wesley、共著）がある。2018年には、カーネギーメロン大学のSEIから、ソフトウェアアーキテクチャに関するLinda Northrup賞を授与された。定期的にカンファレンスに登壇しており、ロンドンのソフトウェアエンジニアリングコミュニティのメンバーとしても活躍している。主な技術的関心は、ソフトウェアアーキテクチャ、DevOps、ソフトウェアセキュリティ、ソフトウェアエネルギー効率。

● **訳者紹介**

**島田 浩二**（しまだ こうじ）

1978年、神奈川県生まれ。電気通信大学電気通信学部卒業。2009年に株式会社えにしテックを設立。2011年からは一般社団法人日本Rubyの会の理事も務める。訳書に『ソフトウェアアーキテクチャ・ハードパーツ』『ソフトウェアアーキテクチャの基礎』『ユニコーン企業のひみつ』『Design It!』『進化的アーキテクチャ』『エラスティックリーダーシップ』『プロダクティブ・プログラマ』（オライリー・ジャパン）、『Rubyのしくみ』（オーム社）、『なるほどUnixプロセス』（達人出版会）、共著者に『Ruby逆引きレシピ』（翔泳社）がある。

---

● **表紙の動物**

表紙の動物は、ヤマツパイ（英名：Mountain treeshrew、学名：Tupaia montana）。ツパイとも呼ばれ、ボルネオ島の山岳森林にだけ生息する。

ヤマツパイは、2匹のオスが支配するグループで生活すると考えられている。クモや甲殻類などの節足動物や果物を餌にする。IUCN（国際自然保護連合）は2016年に個体群が安定しているとし、この種を「Least Concern（最も懸念が少ない）」に分類している。

# ソフトウェアアーキテクチャメトリクス
## アーキテクチャ品質を改善する10のアドバイス

2024年1月22日　初版第1刷発行
2024年5月7日　初版第2刷発行

著者　Christian Ciceri（クリスチャン・チセリ）、Dave Farley（デイビッド・ファーリー）、Neal Ford（ニール・フォード）、Andrew Harmel-Law（アンドリュー・ハーメル・ロウ）、Michael Keeling（マイケル・キーリング）、Carola Lilienthal（キャロラ・リリエンタール）、João Rosa（ジョアン・ロサ）、Alexander von Zitzewitz（アレクサンダー・フォン・ジッツェヴィッツ）、Rene Weiss（レネ・ワイス）、Eoin Woods（オウェン・ウッズ）

訳者　島田 浩二（しまだこうじ）

発行人　ティム・オライリー

制作　アリエッタ株式会社

印刷・製本　三美印刷株式会社

発行所　株式会社オライリー・ジャパン

〒160-0002　東京都新宿区四谷坂町12番22号
Tel　(03)3356-5227
Fax　(03)3356-5263
電子メール　japan@oreilly.co.jp

発売元　株式会社オーム社
〒101-8460　東京都千代田区神田錦町3-1
Tel　(03)3233-0641（代表）
Fax　(03)3233-3440

Printed in Japan（ISBN978-4-8144-0060-7）
乱丁、落丁の際はお取り替えいたします。